高等院校艺术设计专业应用型新形态教材

THE DESIGN AND APPLICATION OF ERGONOMICS

人机工程学设计应用

主编◎刘　婷

重庆大学出版社

图书在版编目（CIP）数据

人机工程学设计应用 / 刘婷主编. -- 重庆：重庆大学出版社, 2023.9
高等院校艺术设计专业应用型新形态教材
ISBN 978-7-5689-0474-2

Ⅰ. ①人… Ⅱ. ①刘… Ⅲ. ①工效学—高等学校—教材 Ⅳ. ①TB18

中国版本图书馆CIP数据核字（2017）第059606号

高等院校艺术设计专业应用型新形态教材

人机工程学设计应用

RENJI GONGCHENGXUE SHEJI YINGYONG

主 编 刘 婷

策划编辑：张菱芷

责任编辑：夏 宇　　版式设计：张菱芷

责任校对：谢 芳　　责任印制：赵 晟

重庆大学出版社出版发行

出版人：陈晓阳

社 址：重庆市沙坪坝区大学城西路21号

邮 编：401331

电 话：（023）88617190　88617185（中小学）

传 真：（023）88617186　88617166

网 址：http：//www.cqup.com.cn

邮 箱：fxk@cqup.com.cn（营销中心）

全国新华书店经销

重庆升光电力印务有限公司印刷

开本：787mm × 1092mm　1/16　印张：8.5　字数：236千

2023年9月第1版　　2023年9月第1次印刷

ISBN 978-7-5689-0474-2　定价：48.00元

序 / PREFACE

人工智能、万物联网时代的来临，给传统行业带来极大的震动，各传统行业的重组方兴未艾。各学科高度融合，各领域细致分工，改变了人们固有的思维模式和工作方式。设计，则是社会走向新时代的前沿领域，并且扮演着越来越重要的角色。设计人才要适应新时代的挑战，就必须具有全新和全面的知识结构。

作为全国应用技术型大学的试点院校，我院涵盖工学、农学、艺术学三大学科门类，建构起市场、创意、科技、工程、传播五大课程体系。我院坚持“以市场为核心，以科技为基础，以艺术为手段”的办学理念；以改善学生知识结构，提升综合职业素养为己任；以“市场实现”“学科融合”“工作室制”“亮相教育”为途径，最终目标是培养懂市场、善运营、精设计的跨学科、跨领域的新时代设计师和创业者。

我院视觉传达专业是重庆市级特色专业，是以视觉表现为依托，以“互联网+”传播为手段，融合动态、综合信息传达技术的应用技术型专业。我院建有平面设计工作室、网页设计工作室、展示设计实训室、数字影像工作室、三维动画工作室、虚拟现实技术实验室，为教学提供了良好的实践条件。

我院建立了“双师型”教师培养机制，鼓励教师积极投身社会实践和地方服务，积累并建立务实的设计方法体系和学术主张。

在此系列教材中，仿佛能看到我们从课堂走向市场的步伐。

重庆人文科技学院建筑与设计学院院长

张　雄

2017年冬

前　言 / FOREWORD

人机工程学作为一门独立的学科已有60多年的历史，并随着科学技术飞速发展。人机工程学研究的范围非常广泛，其课程根源是实用科学，即把技术科学直接应用于实际操作，探索人在设计活动中的影响因素，以及对工作效率的影响，并解决在这一过程中遇到的问题，如生理变化、心理变化、能量消耗，以及各种劳动负荷的适应能力等。本教材根据设计学科的应用内容，由认知到应用到实践再到理论的过程，学习应用的研究过程。

“人机工程学设计应用”是一门设计类的专业基础课程，在这门课程中我们可以了解和掌握本课程与各个设计专业之间的关联性，设计者在设计过程中能够更加准确地思考人和物以及机器之间所处环境的协调性、合理性等问题，是切实可行的为人服务的人性化设计。本教材的编写分为三个单元：第一单元为人机工程学的基础知识，重点讲述人机工程学概述和人机工程学基础。第二单元结合相关设计学科范畴，研究人机工程学在设计中的应用。第三单元为人机课题与实践，也是本教材的重点和难点，鼓励学生积极面对设计这一活动，从人机工程的角度审视设计，学着设立课题，借用人机工程学的方法和有效的科学依据进行设计，大胆尝试，细心研究。为了更好地做分析研究，本单元列举了相关设计范畴的课题，教师在上课时可以结合当下热点问题，添加或侧重一些实时课题。教材最后还展示了优秀的学生实践作品，让我们为成为更好的自己一起加油吧！

编　者

2022年7月

教学进程安排

课时分配	导引	第一单元	第二单元	第三单元	合计
讲授课时	1	8	7	1	17
实操课时	—	8	9	30	47
合计	1	16	16	31	64

课程概况

“人机工程学设计应用”是一门设计类的专业基础课程，在这门课程中我们可以了解和掌握本课程与各个设计专业之间的关联性，设计者在设计过程中能够更加准确地思考人和物以及机器之间所处环境的协调性、合理性等问题，是切实可行的为人服务的人性化设计。本教材的编写分为三个单元：第一单元为人机工程学的基础知识，重点讲述人机工程学概述和人机工程学基础。第二单元结合相关设计学科范畴，研究人机工程学在设计中的应用。第三单元为人机课题与实践，也是本教材的重点和难点，鼓励学生积极面对设计这一活动，从人机工程的角度审视设计，学着设立课题，借用人机工程学的方法和有效的科学依据进行设计，大胆尝试，细心研究。为了更好地做分析研究，本单元列举了相关设计范畴的课题，教师在上课时可以结合当下热点问题，添加或侧重一些实时课题。

导引

任课教师根据课程的内容介绍，结合本专业的特点进行相关案例的准备。通过当下人机工程学在设计中的应用，引导学生对人机工程学的概念认知，明确人机可以为设计服务的内容，以及设计中人机因素的重要性。鼓励学生积极主动地探索设计中存在的人机问题，运用理论知识进行实践研究，并设立课题，研究课题，呈现课题。

目　录 / CONTENTS

第一单元
人机工程学的基础知识

课　　时： 16课时

单元知识点： 本单元以学习人机工程学的基础知识为主，培养学生对人机工程学的认知能力和学习能力。学生在学习过程中形成良好的设计意识，养成良好的设计习惯。本单元的主要内容有：人机工程学的定义；人体测量与人体尺寸；人体的感知系统；人体的心理与行为特征；人体与空间环境等知识要点。

第一课　人机工程学概述

课时：6课时

要点：本节课程主要介绍人机工程学的定义；人机工程学的特征；人机系统的构成；研究内容和方法；人体尺寸等。人机工程学是一门涉及领域较广、内容综合性强、学科知识多样化的学科，是对人体结构、功能、心理及力学等问题进行综合性研究的学科。本节课作为基础理论部分的学习是学好课程的前提条件。

1.人机工程学

1）人机工程学的定义

人机工程学是以人的生理、心理特性为依据，应用系统工程的观点，分析研究人与机器、人与环境、机器与环境之间的相互作用，使设计操作更加简便、省力、安全、舒适，达到“人—机—环境”的最佳配合状态提供理论和方法的学科，是对人体结构、功能、心理及力学等问题进行综合性研究的学科。在欧洲称为“Ergonomics”，是一门研究人在生产或操作过程中如何合理地、适度地劳动和用力，人、机器、工作环境之间如何相互作用的学科。简单来说，人机工程学就是按照人的特性设计和改善“人—机—环境”系统的学科。

2）人机工程学的特征

人机工程学具有学科名称多样化、学科定义不统一、学科边界模糊、学科内容综合性强、学科知识多样化、学科应用范围广的特征。

人机工程学研究的是“人—机—环境”系统中的人、机、环境三要素之间的关系，把“人—机—环境”系统作为一个统一的整体来研究。人机工程学研究的目的是使人们在工程技术和工作生活中，安全、高效、舒适、健康、经济地使用产品，达到合理的人机匹配，实现系统中人和机器的效能统一，达到性能最优化。通过揭示“人—机—环境”之间相互作用、相互制约、相互依存的规律，达到系统总体性能的最优化，最终确保系统最优组合方案的实现。

“人—机—环境”系统中整体上要使“机”与人体相适应，解决好人与机器之间的分工和机器之间信息交流的问题（图1-1）。从长远利益出发，如何设计环境并进行安全保护以保证人在长期工作中的健康不受影响，使三要素之间取长补短，各尽所长。

3）人机系统的构成

人机工程学强调系统化、整体化，对于“人—机—环境”系统而言，主要研究人、机、环境、系统四个要素。

（1）人机工程学中的“人”

“人”是指自然人。人是处于主体地位的决策者，也是实现产品功能的操作者或使用者。因此，机器和环境能否满足人的心理特征和生理特征是人们研究的重要课题。其中，人的效能是人机工程学研究的主要内容。人的效能是指人的作业效能，即在按照一定要求完成作业时所体现出的效率和成绩。这个效能决定了工作的性质、人的能力、工具和工作方法，体现了“人—机—环境”系统之间的关系是否合理、协调。

（2）人机工程学中的“机”

“机”是指机器或机械，包括人操作和使用的一切物的总称，即我们通常看到的设施、工具、用具及相关产品等，这里理解为一切产品。因此，能够设计出满足人的生理和心理要求的产品是人机工程学研究的重要目标。

（3）人机工程学中的“环境”

“环境”是指人和机器所处的整体环境，这里不仅仅指工作场所的声、光、空气、温度、振动等物理环境，还包括工作氛围、同事关系、团体组织、社会舆论、奖惩制度等社会环境。在人机工程学中，研究的主要是物理环境。

（4）人机工程学中的“系统”

“系统”是指由“人—机—环境”组成的，三者之间相互作用、相互依存，具有特定功能的有机整体。同时，这个“系统”本身又是其所从属的系统中的组成部分。“人—机—环境—系统”是由处于同一时间和空间的人，与其所使用的机器以及它们所处的周围环境所构成的系统，简称人机系统（图1-2）。

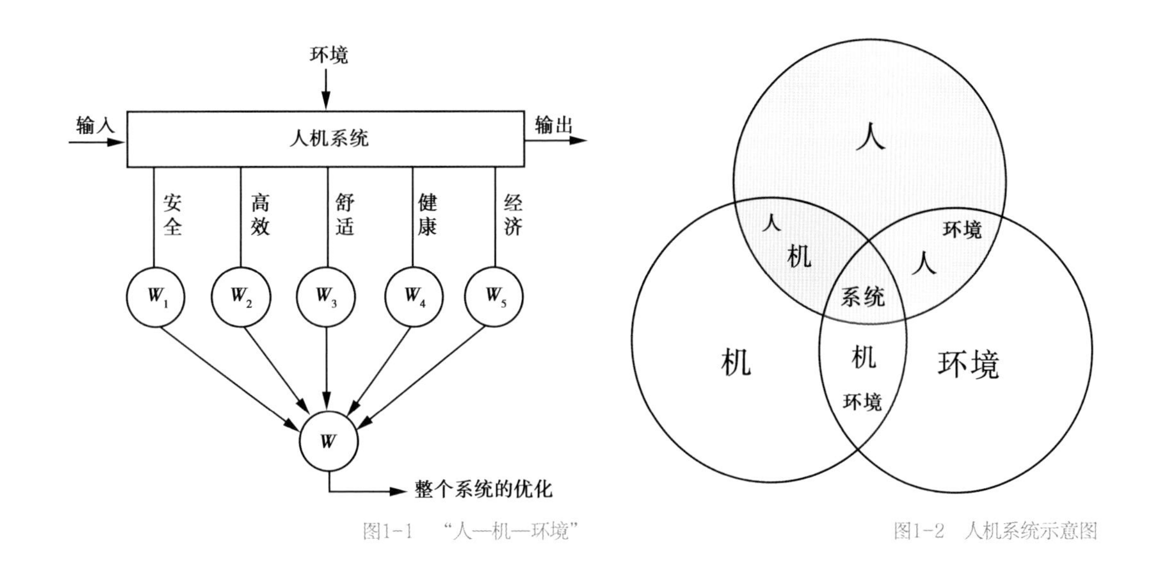

图1-1 “人—机—环境”

图1-2 人机系统示意图

人机工程学是以“人”为核心，运用人体测量，分析生理和心理特征，提供理论和方法的学科。主要涉及人体形态特征参数、人的感知特性、人的反应特性、人在工作和生活中的生理特征和心理特征等。总体而言，人机关系和人的效能研究是这个学科的核心内容。

4）研究内容

人机工程学研究包括理论和实践两个部分。学科研究的主题内容，侧重实践与应用。设计更适合人使用的机器和物件，营造出高效、安全、良好的工作环境，满足人的各种功能需求。人机系统包括人与机器、人与环境、人与生态等方面的内容，其设计目的是创造人机关系，营造舒适的工作环境，充分发挥人机各自的特点，取长补短，相互协调、相互配合，实现最佳的系统效益。

（1）人体生理和心理特性的研究

人体生理和心理特性的研究是指在工业产品造型设计与室内环境设计中研究与人体尺度有关的问题。如人体基本形态特征与参数；人的感知特性；人的运动特性；人的行为特性；人在劳动中的心理活动和人为的差错等具体内容。解决机器如何适应人的生理和心理特点的问题，创造安全、高效、舒适、健康的工作环境，最终设计出适合人的活动要求，取得最佳使用效能的机器（表1–1）。

表1–1　人机特征性能比较

比较内容	人的特征	机器的性能
感受能力	人具有可识别物体的大小、形状、位置和颜色等特征，并对不同音色和某些化学物质有一定的分辨能力	接受超声、辐射、微波、磁场等信号，超过人的感受能力
控制能力	可进行各种控制，且在自由度、调节和联系能力等方面优于机器，同时，其动力设备和效应运动完全合为一体，能“独立自主”	操纵力、速度、精密度、操作数等方面都超过人的能力，但不能“独立自主”，必须外加动力源才能发挥作用
工作效能	可依次完成多种功能作业，但不能进行高阶运算，不能同时完成多种操纵和在恶劣条件下作业	能在恶劣环境下工作，可进行高阶运算和同时完成多种操纵控制，单调、重复的工作不会降低效率
信息处理	人的信息传递率一般为6 bit / s，接受信息的速度约为每秒20个，短时间内能同时记住约10个信息，每次只能处理一个信息	能存储信息和迅速取出信息，能长期存储，也能一次废除；信息传递能力、记忆速度和保持能力都比人高很多
可靠性	就人脑而言，可靠性和自动结合能力都远远超过机器；在工作过程中，人的技术高低、生理及心理状况对可靠性都有影响；可处理意外的紧急事件	经设计后，其可靠性高，且质量保持不变；本身的检查和维修能力非常薄弱，不能处理意外的紧急事件
耐久性	容易产生疲劳，不能长时间连续工作，且受年龄、性别、健康状况等因素的影响	耐久性高，能长期连续工作，并大大超过人的能力

（2）人机系统一体化设计

人与机器是相互作用、相互制约、相互依存的关系。人是系统中的操作者，起着主导作用。相关资料表明，60%以上的事故的发生都与人有关，这一数据值得引起我们的重视。近年来通过应用软件模拟人体活动，分析人体的肢体运动轨迹及活动范围，得出最佳的设计尺寸，为产品设计和室内环境设计提供了良好的理论依据（图1–3）。

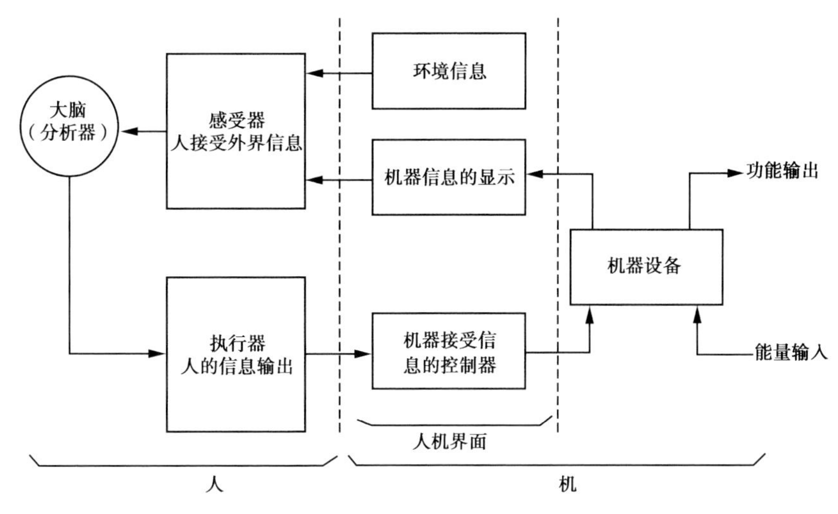

图1-3　人机系统运行分析图

在人机系统中，人对机的影响方式为操作或操控，即人们通过各种行为（如推、压、按、拉、提、握、拔、旋转等）来操作产品或机器等设备。良好的设计能够有效地把控操作强度，提高操作效率及操作的准确性等问题。

机器对人的影响主要表现在工作状态、信息传递、工作性能状态等方面。人对环境的影响源于生活方式对环境的改造，以及生产中的垃圾排放对环境产生的影响。机器对环境的影响取决于各类产品设备的物理性和能源消耗水平等问题。以上环节的合作过程直接影响人机的设计感受和效能。

人机工程学研究的要素如下：

人的要素：主要考虑人的心理和生理特点，防止人意识中断或是意识迂回时产生危险。

机的要素：主要考虑安全预防措施，防止人在能力不足时引起的事故。

环境要素：主要考虑环境要适合人的要求，不危害人体健康。

作业要素：主要从作业方法、作业负荷、作业姿势、作业范围等方面考虑人能否胜任、能否减轻劳动强度、能否减轻疲劳、对人是否有危害等。

5）人机界面

人机界面是人与机器进行交互的操作方式，即用户与机器互相传递信息的媒介，包括信息的输入与输出。好的人机界面美观大方，操作简单，具有引导功能，用户体验感良好，能提高用户的使用频率。

人通过眼、鼻、口、耳等感觉器官接收外界发出的信息，又通过手、足、口、身体等向外界传递信息和能量，在人机交互中这两个过程属于人机界面。

在图形显示、高速工作站等技术出现之前，现实可行的界面方式是命令和询问，通信完全以正文形式并通过用户命令和用户对系统询问的响应来完成。这种方式使用灵活，便于用户发挥其创造性，熟练的用户能提高工作效率，但对于一般用户来说要求高、易出错、不友善且难学习，其错误处理能力较弱（图1–4）。

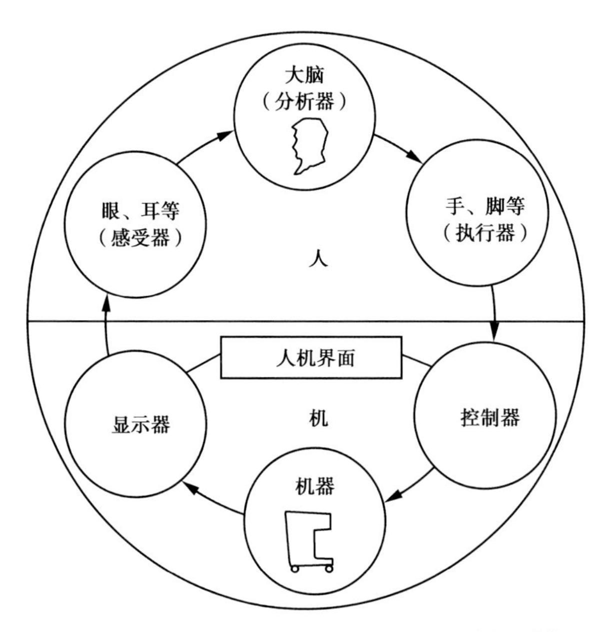

图1-4　人机系统模型

人机界面按照性质可分为三类：控制系统人机界面、工具性人机界面和环境性人机界面。

控制系统人机界面是通过机器显示系统传递信息，人通过控制系统传达操纵指令，使机器能按照人的规定和要求运行。

工具性人机界面是指工具手柄、家具、服装及生活用品等，要求用具符合人的尺寸，便于操控，使人在使用过程中感到舒适、安全、省力、便捷。

环境性人机界面是指照明、噪声、气候等，会影响人的舒适感及健康和安全。

人与机器、人与环境之间的信息交流可分为两个方面：显示器向人传递信息，控制器接收人发出的指令。显示器的研究包括对视觉显示器、听觉显示器、触觉显示器等类型，以及显示器的布局和组合方式等方面的研究。

在设计中人机界面的设计还要考虑人的定向动作和习惯动作。比如键盘的设计，对每一个按键的造型和布局都要从人的生理和心理特征出发，这样的设计才能提高准确性和操作的舒适性。而手机交互式界面采用扁平化设计，去除两边多余的倾斜和阴影，在App中运用一种更加轻量化的美学考量，界面更加简单，只需关注获取核心信息，抛开所有无用的设计元素（图1-5—图1-10）。

同样，不同款汽车操控界面虽有不同，但都遵循着一定的原则和规律。人机界面设计首先要考虑的是人的视觉（如视角、视野、可视光波长范围、颜色分辨率、视觉灵敏度、定位错觉、运动错觉、视觉疲劳等）特性，汽车的挡风玻璃、仪表盘等的设计就要充分考虑这些特性，使驾驶者能够得到足够的视域，迅速辨认各种信号，减少失误，缓解视觉疲劳。交通标志的设计也采用了大多数人能辨明的颜色和不易产生错觉的形状。

图1-5 人机键盘造型

图1-6 传统电视机界面

图1-7 相机界面

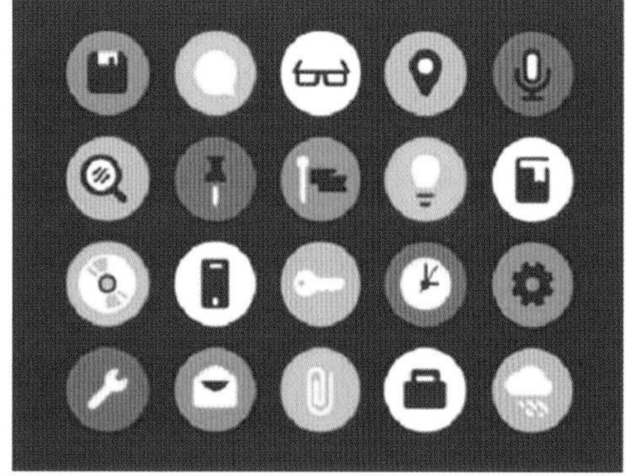

图1-8 手机交互界面

图1-9 人机服务界面

图1-10 手机界面

人脑对事物的认识和反应有自己的特点，体现在行为和对外界的反应中。在人工智能环境下，协助人脑进行工作的计算机又该如何进行人机界面设计呢？例如，特斯拉的操控界面及无人驾驶系统的应用等，诸多人工智能方面的设计应用对人机界面的设计都提出了更高的要求（图1–11—图1–13）。

人机界面设计原则可从可交互性、信息、显示、数据输入等方面进行考虑，在同一用户界面中，所有的菜单选择、命令输入、数据显示和其他功能应保持风格的一致性。风格一致的人机界面会给人一种简洁、和谐的美感。

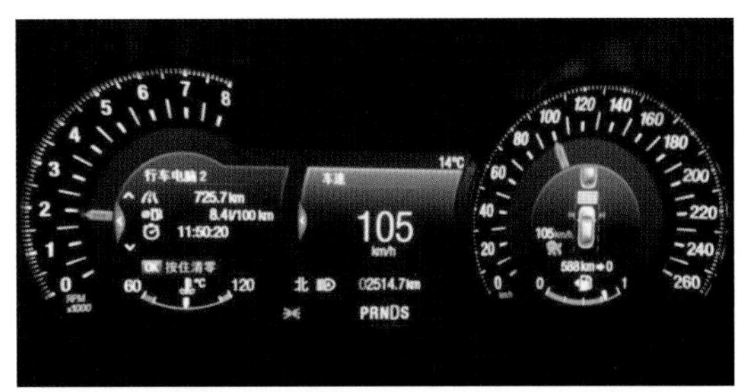

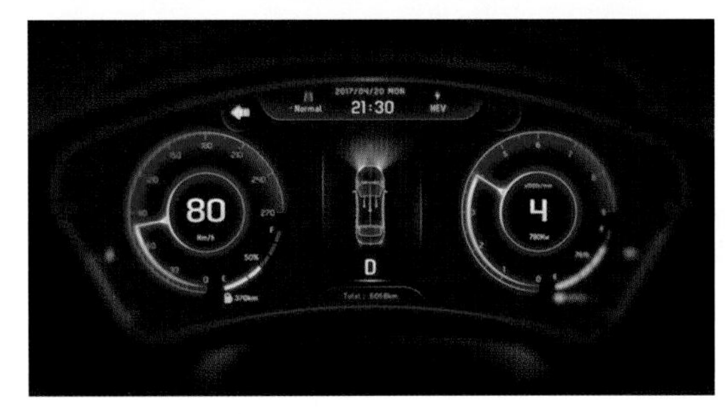

图1–11　汽车中控界面

图1–12　某汽车品牌的中控界面

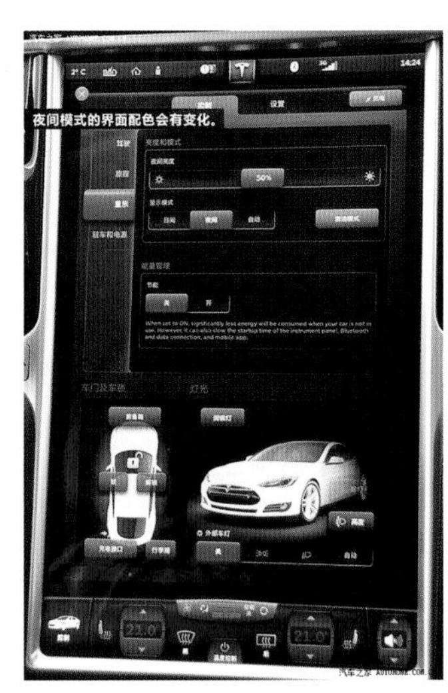

图1–13　智能化交互式界面设计

用户界面应能对用户的决定做出及时的反应，提高对话、移动和思考的效率，最大可能地减少击键次数，缩短鼠标移动距离，避免用户产生无所适从的感觉。

人机界面应提供上下文敏感的求助系统，让用户及时获得帮助，尽量用简短的动词或动词短语提示命令。合理划分并高效使用显示屏，仅显示与上下文有关的信息，允许用户对可视环境进行维护：如放大、缩小图像；用窗口分隔不同种类的信息，只显示有意义的出错信息，避免因数据过于费解造成用户的烦恼。

保证信息显示方式与数据输入方式协调一致，尽量减少用户输入的动作，隐藏当前状态下不可选用的命令，允许用户自选输入方式，能够删除无现实意义的输入，允许用户控制交互过程。

上述原则是人机界面设计应遵循的最基本的原则，除此之外，还有许多设计原则。比如如何正确地使用颜色等，具体情况需要具体分析并研究（图1–14）。

6）研究方法

人机工程学中采用的研究方法种类较多，有些是从人体测量学、工程心理学等学科中沿用下来的，有些是从其他相关学科借鉴过来的，更多的是从应用的目标出发创造出来的（图1–15）。

（1）观察法

研究系统中人和机器的工作状态，首先用的是观察法，即观察人的操作动作、工艺流程和功能、功效等。

（2）测量法

测量法是人机工程学中研究人形体特征的主要方法，测量人体各部位静态和动态的数据，包括尺度测量、动态测量、力量测量、体积测量、肌肉疲劳测量和其他生理变化的测量等。

图1–14　人机界面数字的应用设计案例

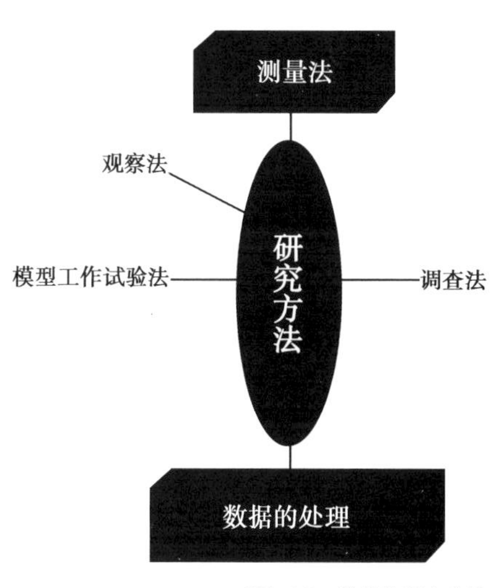

图1–15　常用的研究方法

（3）模型工作试验法

模型工作试验法是设计师必不可少的工作方法。设计师可通过模型构思方案、规划尺度、检查效果、发现问题，有效地提高设计的成功率。

（4）调查法

人机工程学中许多感觉和心理指标很难用测量的方法获得，有的指标即使能实现，但从设计师的角度也没有必要，设计师通常以调查的方法获得这些信息。如每年持续对1 000人的生活形态进行宏观研究，收集分析其人格特征、消费心理、使用性格、扩散角色、媒体接触、日常用品使用、设计偏好、活动时间分配、家庭空间运用等，并建立相应的资料库。尽管调查的结果较难量化，却能给人以直观的感受，有时反而更为有效。

（5）数据的处理

当设计人员测量或调查一个群体时，其结果会有一定的离散性，必须运用数学方法进行分析处理，才能转化成具有应用价值的数据库，对设计产生指导意义。

7）“以人为中心”的设计思想

设计的最终目的是满足人的需求，为人服务。“以人为中心”的设计思想贯穿于设计的各个阶段，在设计活动中人是设计的主体，是设计的服务对象，人机工程学为设计提供科学依据和设计准则。设计的人机系统使人与机器、人与环境、人与生态相互协调，提高管理和控制效率。

设计应当适应人，而不是人适应设计。设计的产生依赖于人的需求。人性化的设计是在更加符合人的物质需求的基础上，注重人的精神、情感、欲望的设计。随着人工智能的发展，人的因素在生产中的影响越来越大，将人机工程学的各项原理和研究贯穿于设计的全过程也越来越重要。

2.人体测量与人体尺寸

人体测量学是人机工程学的重要组成部分，在设计中的影响尤为突出，对设计成果起到非常重要的数据参考作用。人机工程学为设计类专业提供了设计尺寸的依据，设计师必须掌握人体形态特征及各项测量数据。

1）人体测量学

人体测量学主要研究人体测量的内容、方法和基本概念与设计的关系等。通过测量人体各部位尺寸，确定个体之间与群体之间在人体尺寸上的差别，用以研究人的形态特征，如人体测量学与工业设计、室内设计、景观设计、视觉传达设计等，为设计提供依据。人们对人体测量学的研究仍在继续，设计行业也意识到人体尺寸对设计及使用的重要性（图1–16—图1–18）。

人体测量需要根据人体关节形态和运动规律，设定三个相互垂直的基准面和基准轴作为人体测量的参照。人机基准面的定位是由三个互为垂直的轴决定的。在人体上下方向上，将上方称为头侧端，下方称为足侧端。在人体左右方向上，将靠近正中面（矢状面）的方向称为内侧，远离正中面（矢状面）的方向称为外侧。在四肢上，将靠近四肢附着部位的称为近位，远离四肢附着部位的称为远位。对于上肢，将桡骨侧称为桡侧，尺骨侧称为尺侧；对于下肢，将胫骨侧称为胫侧，腓骨侧称为腓侧（图1–19）。

图1-16 工业设计之人机摩托车

图1-17 工业设计之未来汽车

图1-18 人机之公共设施小品

人体基本测点及测量项目参照《用于技术设计的人体测量基础项目》，其中头部测点16个，躯干和四肢测点22个；头部测量项目12个，躯干和四肢测量项目69个。设计中常用的测量项目有身高、眼高、肩高、座高、坐姿颈椎点高、肩宽、两肘肩宽、肘高、上肢长、上肢最大前伸长、坐深、臀膝距、大腿长、小腿长、胸围、体重等（图1-20）。

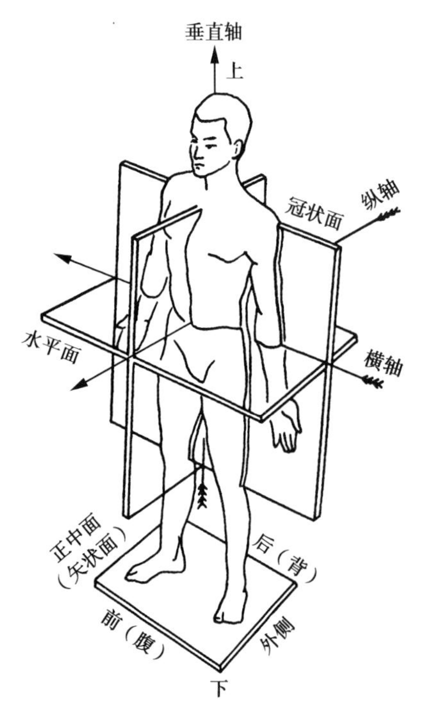

图1-19　人体测量的基准面和基准轴

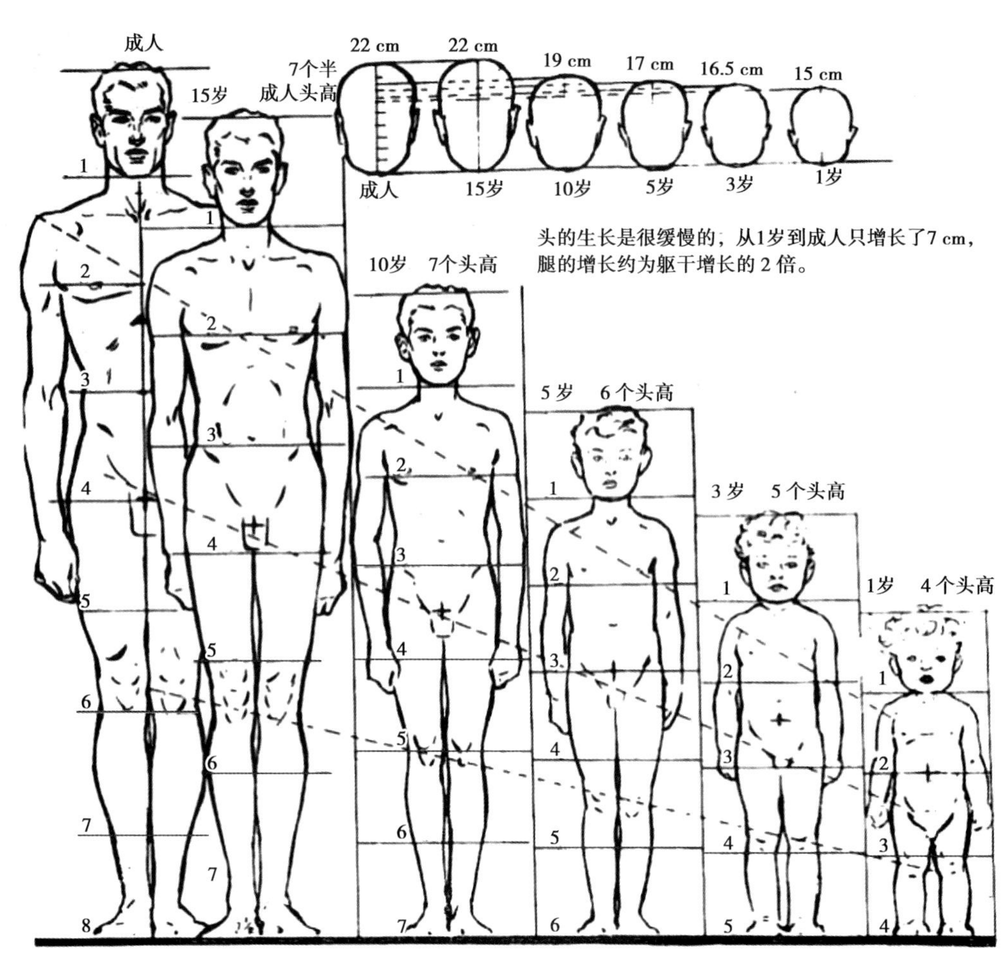

图1-20　成年男子结构比例

2）人体测量的内容

按照人体测量的内容可分为静态尺寸、动态尺寸、推力和拉力。

（1）静态尺寸

静态尺寸也称人体构造尺寸，是工作空间、家具、产品界面等的设计依据。人体静态尺寸测量是指被测者静态地站着或坐着进行的一种测量方式，主要有立姿、坐姿、跪姿、卧姿四种基本形态，每种形态又可细分为各种姿势。《用于技术设计的人体测量基础项目》中规定，立姿有40项，坐姿有22项（图1–21—图1–24）。

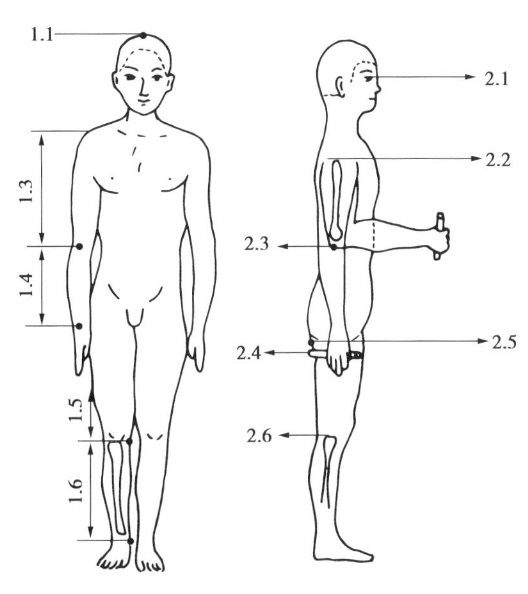

图1-21　立姿人体尺寸

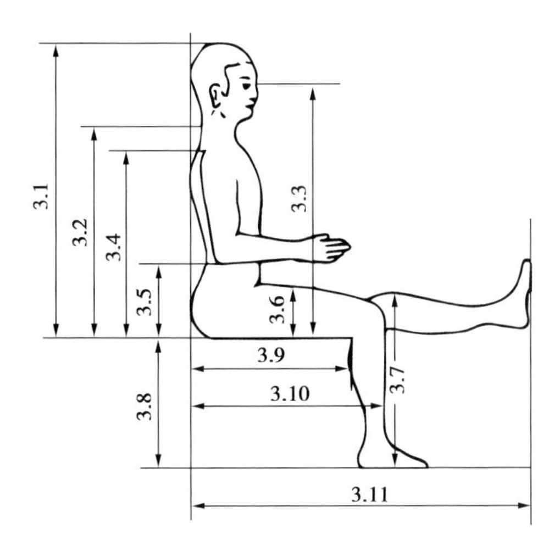

图1-22　坐姿人体尺寸

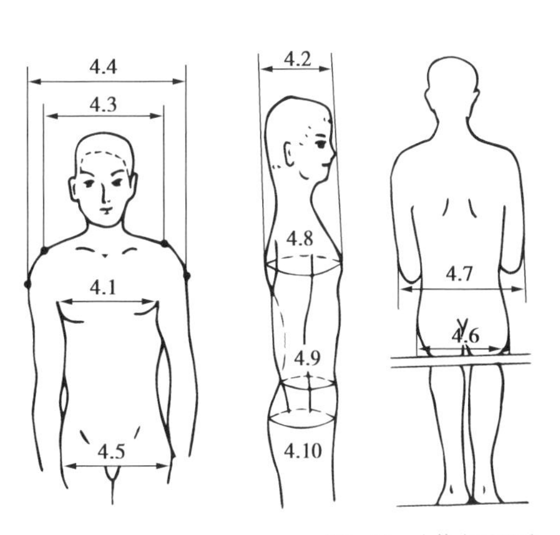

图1-23　人体水平尺寸

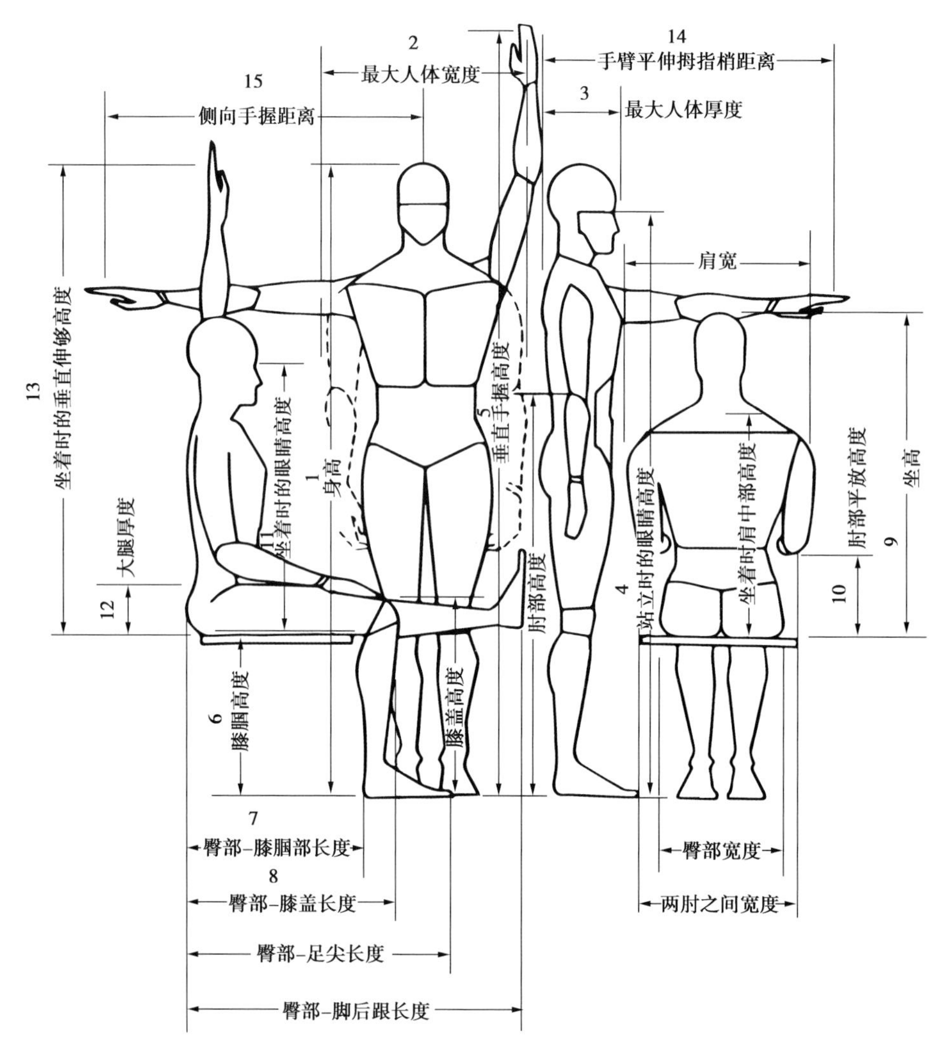

图1-24　人体静态尺寸

（2）动态尺寸

动态尺寸也称人体功能尺寸。人体动态尺寸测量是指被测者处于动作状态下进行的人体尺寸测量。在任何一种身体活动中，身体各部位的动作并不是独立完成的，而是协调一致的，具有连贯性和活动性。通常是对手、上肢、下肢、脚及各关节所能达到的距离和可能转动的角度进行测量，包括人的自我活动空间和人机系统的组合空间。可分为四肢活动尺寸和身体移动尺寸两大类，具体指的是人体在原姿势下只活动上肢或下肢，身躯位置没有变化。其中又可细分为手的动作和脚的动作。身体移动包括行走、作业等，测量出的动态尺寸存在一定的差异性（图1-25—图1-28）。

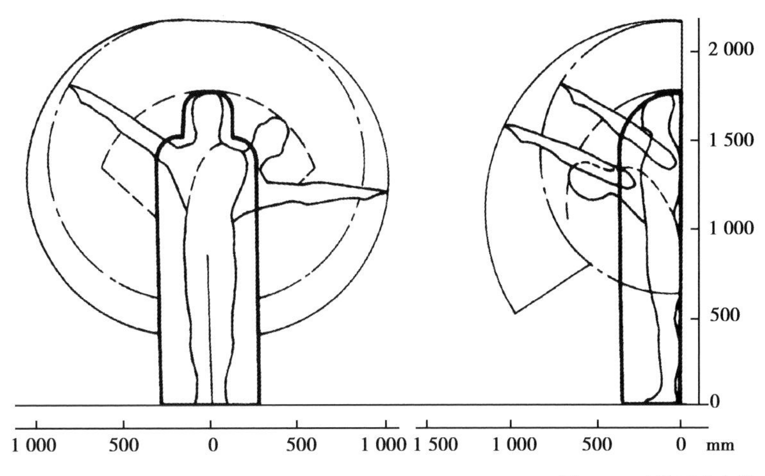

图1-25 立姿活动空间

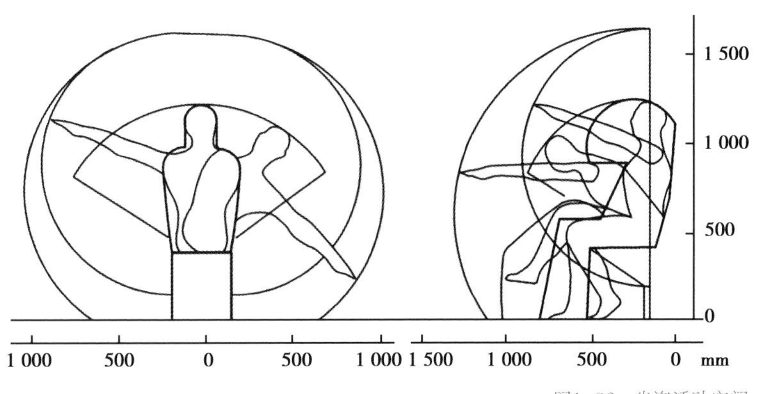

图1-26 坐姿活动空间

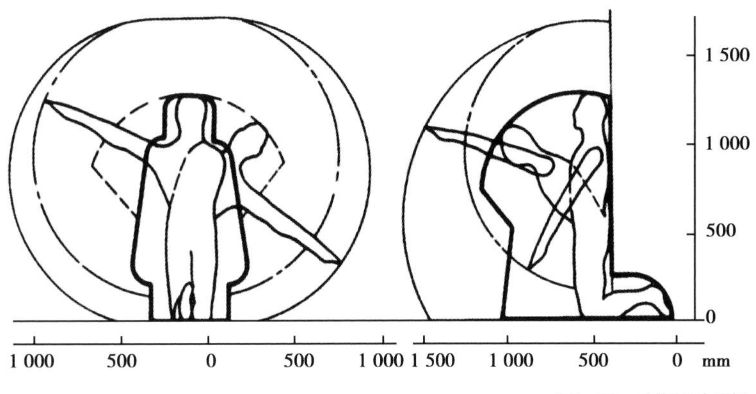

图1-27 跪姿活动空间

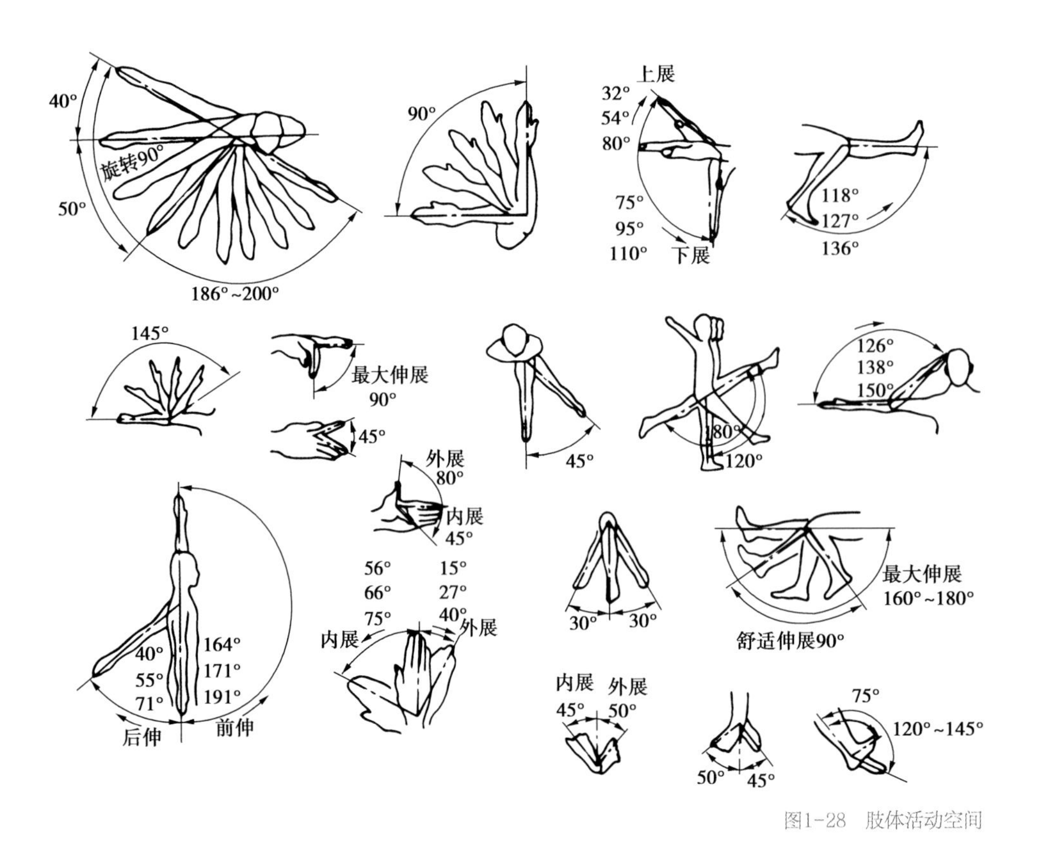

图1-28　肢体活动空间

（3）人体动作中的力

人体动作中肢体的力量来源于肌肉的收缩，这个力称为肌力（表1-2—表1-4）。

表1-2　人体各部位的肌力情况

肌肉的部位 / 肌力（N）	手臂肌肉		肱二头肌		手臂弯曲时的肌肉		手臂伸直时的肌肉		拇指肌肉背部肌肉		躯干屈伸的肌肉
	左	右	左	右	左	右	左	右	左	右	
男	370	390	280	290	280	290	210	230	100	120	1 220
女	210	220	130	130	200	210	170	180	80	90	710

表1-3　人体肌肉施力数据分析表

手臂的角度	拉力（N）		推力（N）		拉力（N）		推力（N）		拉力（N）		推力（N）	
	左手向后	右手向后	左手向前	右手向前	左手向上	右手向上	左手向下	右手向下	左手向内侧	右手向内侧	左手向外侧	右手向外侧
180°	225	235	186	225	39	59	59	78	59	88	39	59
150°	186	245	137	186	69	78	78	88	69	88	39	69
120°	158	186	118	157	78	108	98	118	88	98	49	69
90°	147	167	98	157	78	88	98	118	69	78	59	69
60°	108	118	98	157	69	88	78	88	78	88	59	78

表1-4 人体施力分析表

施力方式	高度（cm）	平均持续力（N）	平均冲击力（N）
推	140	382	2 080
	120	529	2 390
	100	568	2 260
	80	539	2 100
推	140	167	892
	120	363	1 430
	100	588	1 530
	80	617	1 650
推	140	1 050	2 310
	120	774	2 210
	100	1 640	2 160
	40	696	1 960
推	200	696	2 010
	180	853	2 230
	160	627	1 830
	140	843	1 980
	120	676	2 160
拉	140	333	1 070
	120	431	1 200
	100	461	1 210
	80	480	1 360
拉	140	274	1 040
	120	353	1 110
	100	441	1 110
	80	480	1 010
拉	80	1 000	931
	60	1 130	1 240
	40	1 030	1 230
	20	990	1 430
	0	960	1 220
拉	80	941	1 050
	70	1 030	951
	60	1 160	911

肢体操纵力的大小取决于人体肌肉的生理特征，包括施力的姿势、部位、方式和方向等。男性优势手的握力约为自身体重的47%~58%，女性约为自身体重的40%~48%。肢体所有力量的大小都与持续时间有关，随着时间的延长，人的力量会很快衰减（图1-29、图1-30）。

坐姿时，足在不同位置上的脚踏力大小见图1-31。图中的外围曲线就是脚踏力的界限，箭头表示用力方向，右脚最大瞬时用力可达2 570 N，左脚最大瞬时用力可达2 364 N，而最适宜的方向为70°。

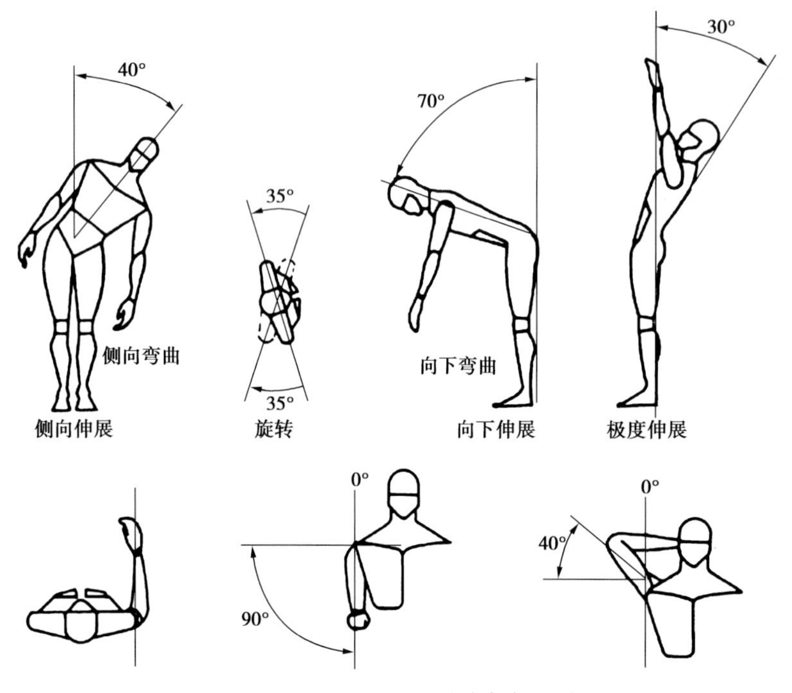

图1-29　立姿直臂时手臂操纵力的分析

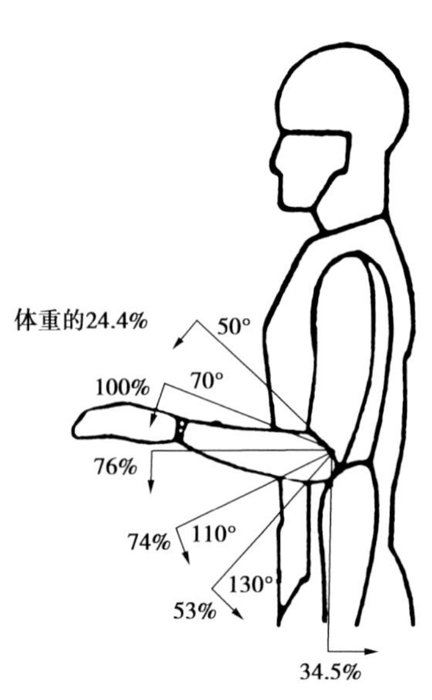

图1-30　立姿弯臂时的力量

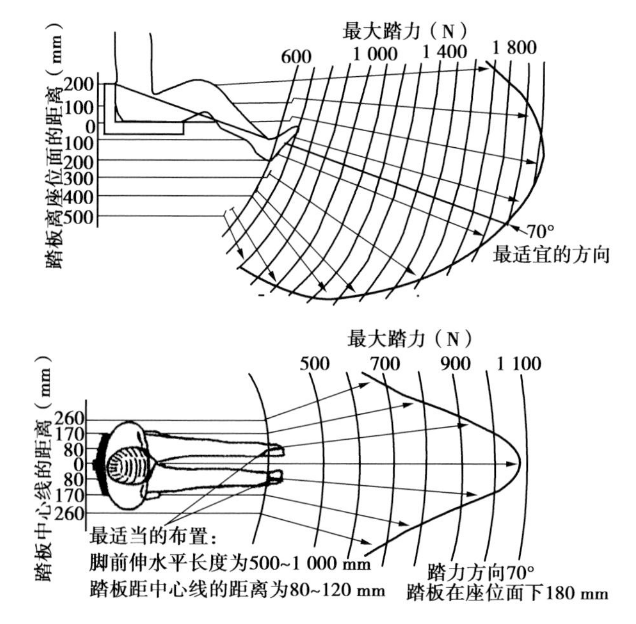

图1-31　人体踏力分析图

设计中应考虑采用什么身体形态来操纵，选定姿态后还要考虑以最舒适的方式对人体进行支撑，并适当地布置被操作对象的位置，从而降低疲劳和减少误操作。例如，司机在驾驶汽车时采用坐姿，座椅的设计要符合人体骨骼的最佳轮廓，仪表的布置应在易于看到的地方，操纵杆的位置要在人体四肢灵活运动的范围内。人体在不同姿态下的最大拉力、最大推力也不相同。例如，坐姿下腿的蹬力在过臀部水平线下方20° 左右较大，操纵性也较好，所以刹车踏板就安装在这个位置上（图1–32—图1–34）。

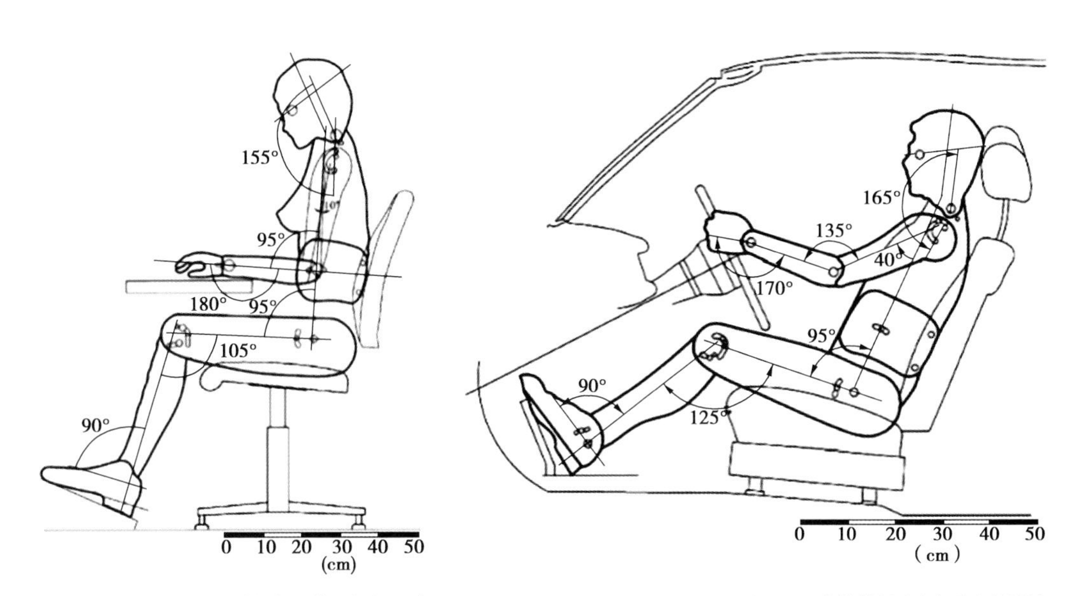

图1–32　人体模板工作系统的设计

图1–33　人体模板汽车驾驶室的设计

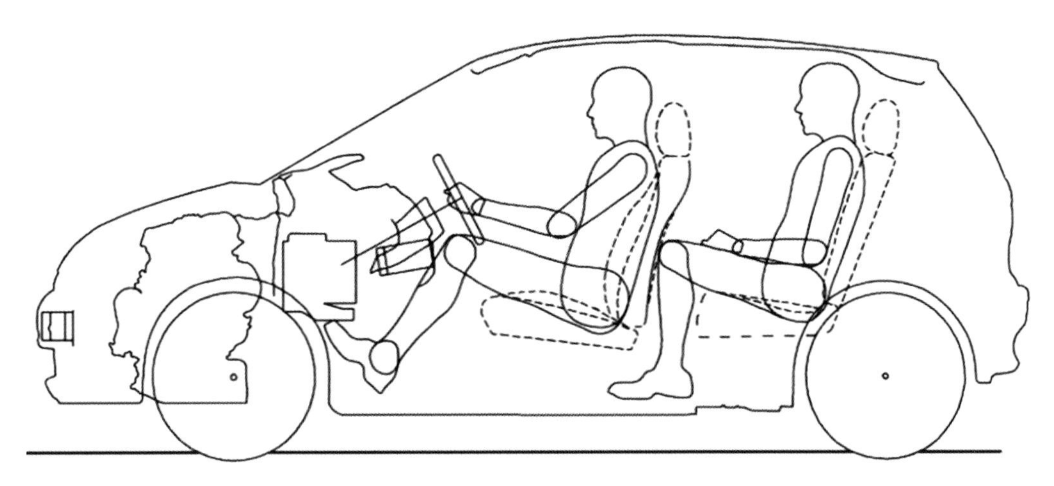

图1–34　汽车室内人体模板演示

人体在不同的姿态下使用不同的肌肉群进行工作，动作的灵活性、速度和最高频率都不相同，例如，腿的反复伸缩具有较低的频率，手指则可以用较高的频率进行敲击。因此，不同的动作方式应采用不同的操作频率来完成（图1-35、图1-36）。

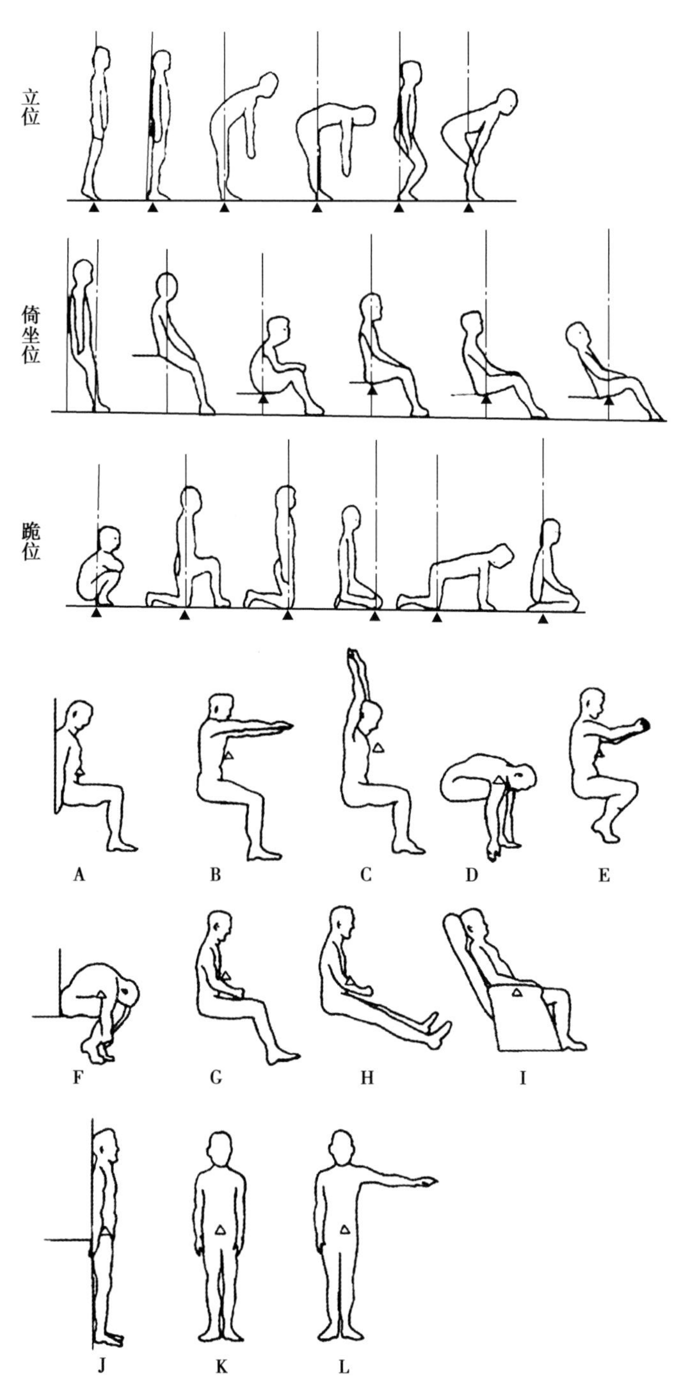

图1-35　肢体动作范围分析图

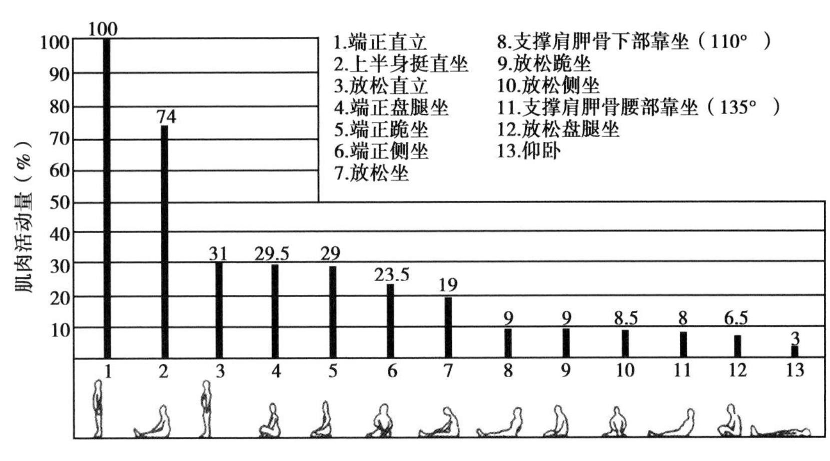

图1-36　姿势对肌肉的影响

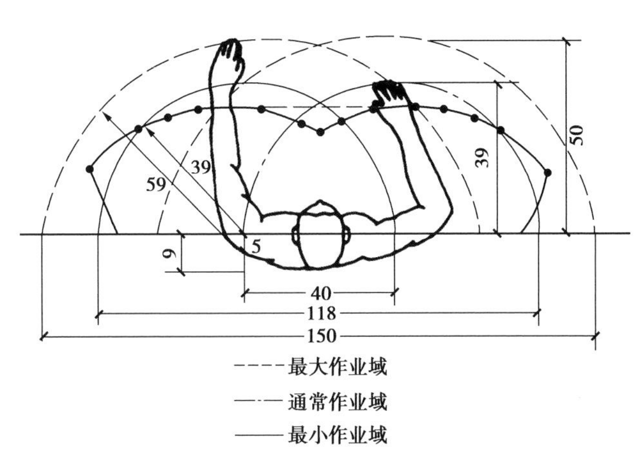

图1-37　手的作业域（单位：cm）

空间设计中的许多尺寸还涉及重心问题。重心是人体全部重量集中作用的点，可用这个点来代替人体重量之所在。例如，栏杆的高度应高于人的重心，如果低于这一点，人体一旦失去稳定就可能越过栏杆坠落。重心的位置一般在肚脐，所以，当人们站在栏杆附近时，如果发现栏杆比肚脐低，就会产生恐惧感。每个人的重心位置都不相同，主要受身高、体重和体格的影响。理论上来说，如果人体身高计为100，重心高度则为56。比如身高为163 cm，重心高度则为92 cm。这是平均值，修正一下取110 cm较好。

（4）人体动作域

人体在室内工作和生活活动范围的大小即动作域。动作域是确定室内空间尺度的重要依据之一，以各种计测方法测定的人体动作域是人体工程学研究的基础数据。

人体尺度是静态的、相对固定的数据，人体动作域的尺度则是动态的，其动态尺度与活动状态有关。室内设计中人体尺度具体尺寸的选用，应考虑在不同空间与围护下人们动作和活动的安全性，以及适合大多数人的尺寸，并强调以安全性为前提（图1–37—图1–39）。

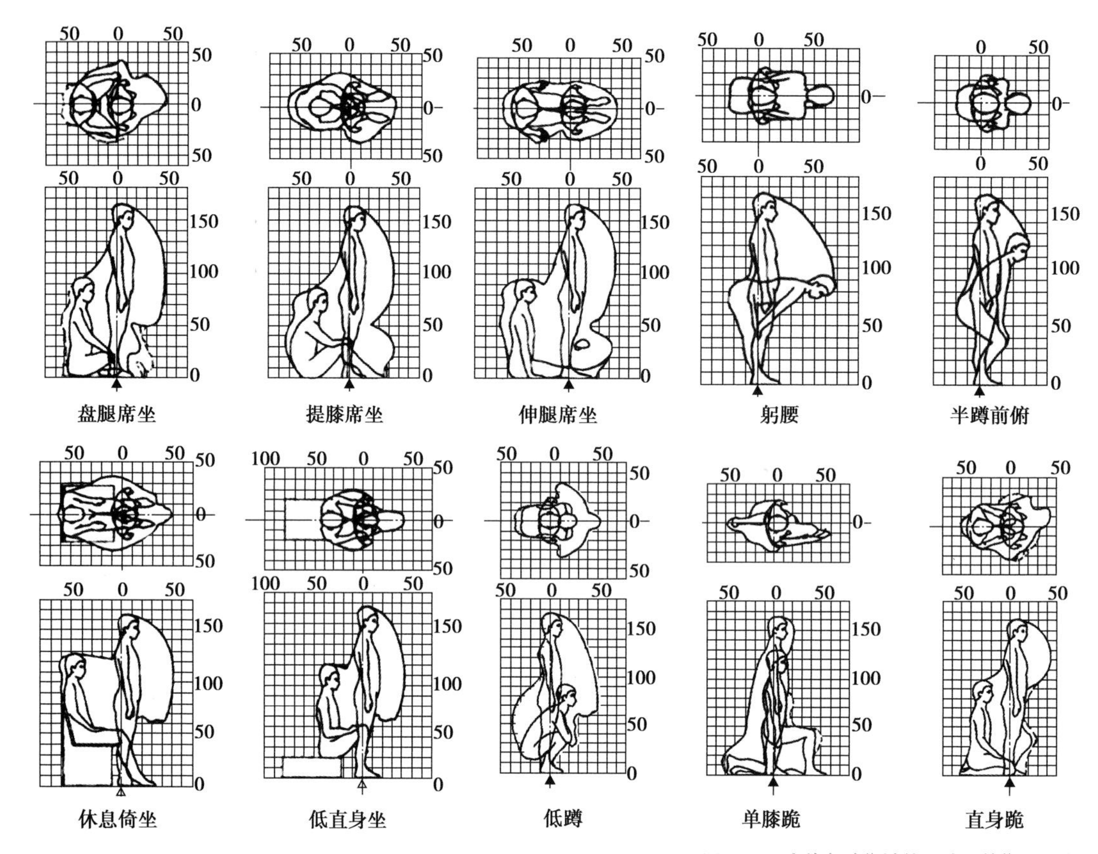

图1-38　人体各动作域的尺寸（单位：cm）

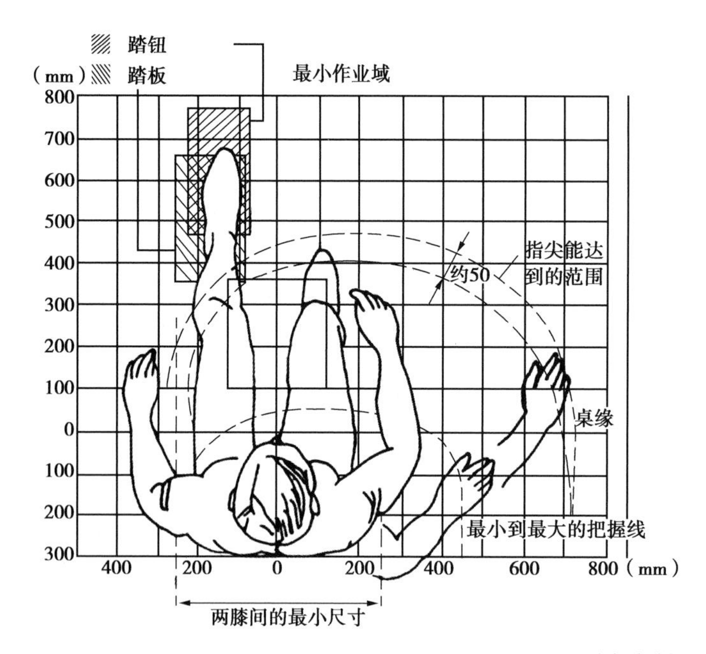

图1-39　手、脚的作业域

3）人体尺寸

人体基本尺寸具体数据见表1-5—表1-10和图1-40、图1-41。

表1-5 人体主要尺寸

性别 / 百分位数（%）/ 尺寸项目	男（18~60岁）							女（18~55岁）						
	1	5	10	50	90	95	99	1	5	10	50	90	95	99
身高（mm）	1 543	1 583	1 604	1 678	1 754	1 775	1 814	1 149	1 484	1 503	1 570	1 640	1 659	1 697
体重（kg）	44	48	50	59	71	75	83	39	42	44	52	63	66	74
上臂长（mm）	279	289	294	313	333	338	349	252	262	267	284	303	308	319
前臂长（mm）	206	216	220	237	253	258	268	185	193	198	213	229	234	242
大腿长（mm）	413	428	436	465	496	505	523	387	402	410	438	467	476	494
小腿长（mm）	324	338	344	369	396	403	419	300	313	319	344	370	376	390

表1-6 立姿人体尺寸

性别 / 百分位数（%）/ 尺寸项目	男（18~60岁）							女（18~55岁）						
	1	5	10	50	90	95	99	1	5	10	50	90	95	99
眼高（mm）	1 436	1 471	1 495	1 568	1 643	1 664	1 705	337	1 371	1 388	1 454	1 522	1 541	1 579
肩高（mm）	1 244	1 281	1 299	1 367	1 435	1 455	1 494	1 166	1 195	1 211	1 271	1 333	1 350	1 385
肘高（mm）	925	954	968	1 024	1 079	1 096	1 128	873	899	913	960	1 009	1 023	1 050

表1-7 坐姿人体尺寸

性别 / 百分位数（%）/ 尺寸项目	男（18~60岁）							女（18~55岁）						
	1	5	10	50	90	95	99	1	5	10	50	90	95	99
坐高（mm）	836	858	870	908	947	958	979	789	809	819	855	891	901	920
颈椎点高（mm）	599	615	624	657	691	701	719	563	579	587	617	648	657	675
坐姿眼高（mm）	729	749	761	798	836	847	868	678	695	704	739	773	783	803
坐姿肩高（mm）	539	557	566	598	631	641	659	504	518	526	556	585	594	609
坐姿肘高（mm）	214	228	235	263	291	298	312	201	215	223	251	277	284	299
坐姿大腿高（mm）	103	112	116	130	146	151	160	107	113	117	130	146	151	160

续表

百分位数（%）/ 性别 / 尺寸项目	男（18~60岁）							女（18~55岁）						
	1	5	10	50	90	95	99	1	5	10	50	90	95	99
坐姿膝高（mm）	441	456	464	493	523	532	549	410	424	431	458	485	493	507
小腿加足高（mm）	372	383	389	413	439	448	463	331	342	350	382	399	405	417
坐深（mm）	407	421	429	457	486	494	510	388	401	408	433	461	469	485
臀膝距（mm）	499	515	524	554	585	595	613	481	495	502	529	561	570	587
下肢长（mm）	892	921	937	992	1 046	1 063	1 096	826	851	865	912	960	975	1 005

表1-8　人体头部尺寸

百分位数（%）/ 性别 / 尺寸项目	男（18~60岁）							女（18~55岁）						
	1	5	10	50	90	95	99	1	5	10	50	90	95	99
头全高（mm）	199	206	210	223	237	241	249	193	200	203	216	228	232	239
头矢状弧（mm）	314	324	329	350	370	375	384	300	310	313	329	344	349	358
头冠状弧（mm）	330	338	344	361	378	383	192	318	327	332	348	366	372	381
头最大宽（mm）	141	145	146	154	162	164	168	137	141	143	149	156	158	162
头最大长（mm）	168	173	175	184	192	195	200	161	165	167	176	184	187	191
头围（mm）	525	536	541	560	580	586	597	510	520	525	546	567	573	585
形态面长（mm）	104	109	111	119	128	130	135	97	100	102	109	117	119	123

表1-9　人体手部尺寸

百分位数（%）/ 性别 / 尺寸项目	男（18~60岁）							女（18~55岁）						
	1	5	10	50	90	95	99	1	5	10	50	90	95	99
手长（mm）	164	170	173	183	193	196	202	164	170	173	183	193	196	202
手宽（mm）	73	76	77	82	87	89	91	67	70	71	76	80	82	84
食指长（mm）	60	63	64	69	74	76	79	57	60	61	66	71	72	76
食指近位指关节宽（mm）	17	18	18	19	20	21	21	15	16	16	17	18	19	20
食指远位指关节宽（mm）	14	15	15	16	17	18	19	13	14	14	15	16	16	17

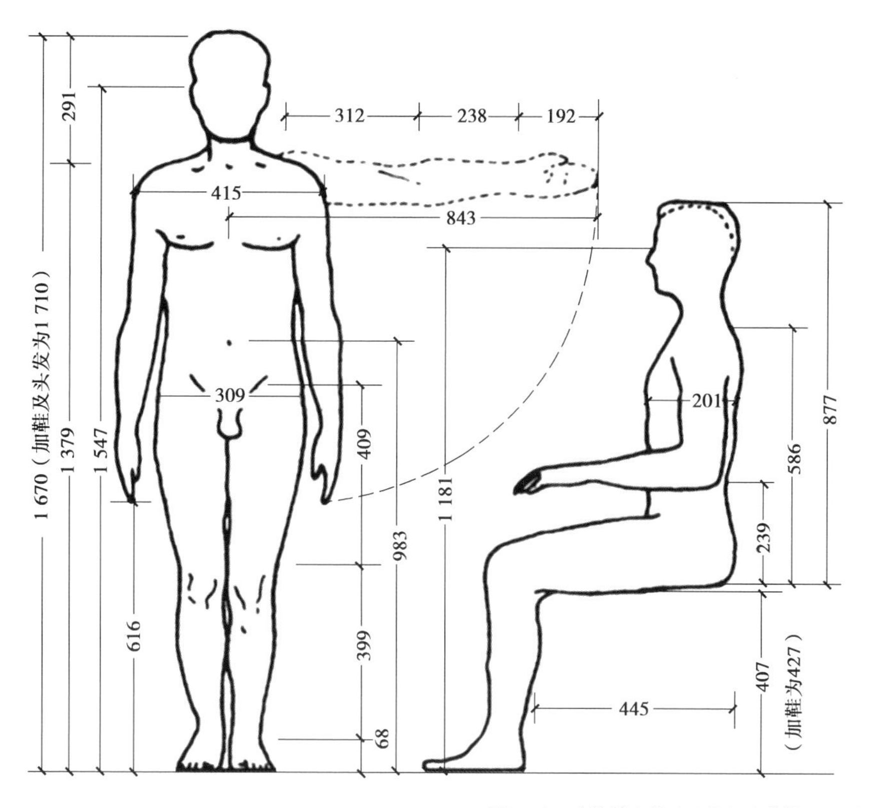

图1-40 人体基本尺寸（男）（单位：mm）

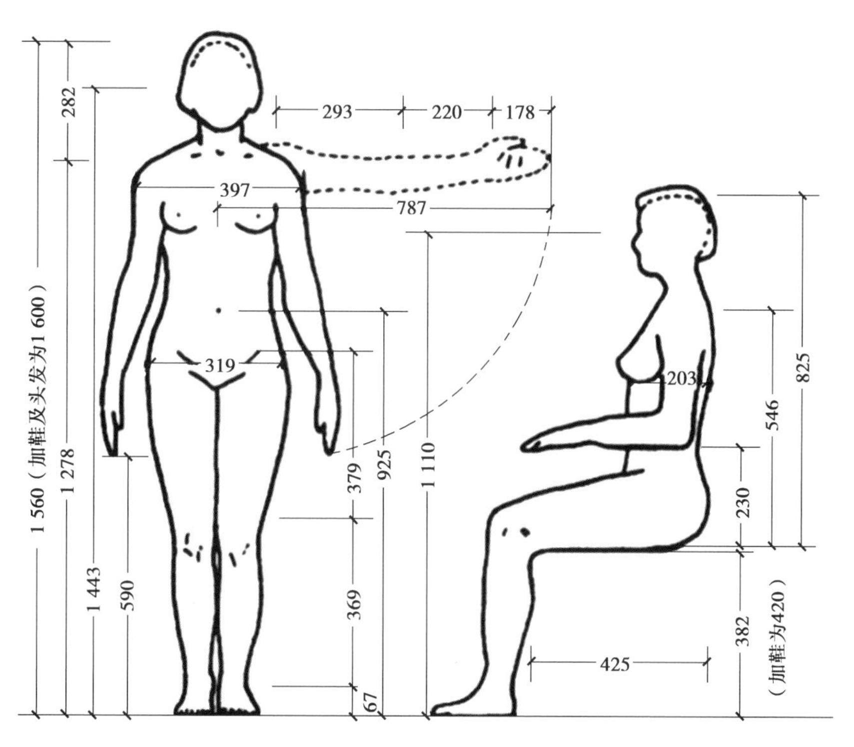

图1-41 人体基本尺寸（女）（单位：mm）

表1-10　人体足部尺寸

性别 百分位数（%） 尺寸项目	男（18~60岁）							女（18~55岁）						
	1	5	10	50	90	95	99	1	5	10	50	90	95	99
足长（mm）	223	230	234	247	260	264	273	208	213	217	229	241	244	251
足宽（mm）	86	88	90	96	102	103	107	78	81	83	88	93	95	98

我国成年人的人体尺寸可划分为以下六个区域：

①东北、华北：包括黑龙江、吉林、辽宁、河北、北京、天津等。

②西北：包括新疆、甘肃、青海、陕西、宁夏等。

③东南：包括江苏、浙江、上海等。

④华中：包括湖南、湖北等。

⑤华南：包括广东、广西、海南等。

⑥西南：包括贵州、四川、云南等。

以六个区域成年人体重、身高、胸围三项主要人体尺寸的均值和标准差值见表1-11。

表1-11　中国六个区域人体尺寸的均值和标准差

项目均值		东北、华北		西北		东南		华中		华南		西南	
		标准差	均值	标准差	均值	标准差	均值	标准差	均值	标准差	均值	标准差	均值
男（18~60岁）	体重（kg）	64	8.2	60	7.6	59	7.7	57	6.9	56	6.9	55	6.8
	身高（mm）	1 693	56.6	1 684	53.7	1 686	55.2	1 669	56.3	1 650	57.1	1 647	56.7
	胸围（mm）	888	55.5	880	51.5	865	52.0	853	49.2	851	49.2	855	48.3
女（18~60岁）	体重（kg）	55	7.7	52	7.1	51	7.2	50	6.8	49	6.5	50	6.9
	身高（mm）	1 586	51.8	1 575	51.9	1 575	50.8	1 560	50.7	1 549	49.7	1 546	53.9
	胸围（mm）	848	66.4	837	55.9	831	59.8	820	55.8	819	57.6	809	58.8

4）人体尺寸的特征

人体尺寸可分为个体尺寸和群体尺寸两大类。其中，个体尺寸是指根据特殊任务的个体及残障人群的特殊人体尺寸（儿童、老人等）进行的测量。群体尺寸则是应用统计的方法，整理出人体尺寸的统计特征。

（1）特殊人群

人体尺寸的增长过程，通常女性在18岁左右结束，男性在20岁左右结束。人体尺寸随年龄的增长而缩减，而体重、宽度及围长的尺寸却随年龄的增长而增加。

一般来说，青年人比老年人身高高一些，老年人比青年人体重大一些。在进行某项设计时必须考虑所设计之物是否适用于不同年龄段的人群，而工作空间的设计应尽量使其适应20~65岁的人群。

关于儿童的人体尺寸是很少的，而这些资料对设计儿童用具、幼儿园、学校是非常重要的。考虑到安全和舒适则更是如此，儿童意外伤亡与设计不当有很大的关系。例如，只要头部能钻过的间隔，身体就可以过去，因此栏杆的间距应避免儿童头部能钻过，5岁儿童头部的最小尺寸约为14 cm，为了使大部分儿童的头部不能钻过，栏杆的间距应设计得窄一些，最多不超过11 cm。

设计要满足所有人的需求不太可能实现，但一定要满足大多数人的需求。

应根据设计内容和性质选用测量数据，可以遵循以下原则：够得着的距离；容得下的距离；常用高度；可调节尺寸；舒适的标准；安全的距离；形式上的尺寸等。

进行人体尺寸测量时，必须先搞清楚使用者或操作者的状况，分析使用者的特征，包括性别、年龄、种族、身体健康状况、体形等诸多问题。

（2）适应域

人体尺寸一般是呈正态分布的，一个设计只能取一定的人体尺寸范围，只考虑整个分布的一部分面积，称为适应域。适应域可分为对称适应域和偏适应域。对称适应域对称于均值，偏适应域通常是整个分布的某一边（图1-42—图1-44）。设计人员选用数据时，不仅要考虑操作者的着衣穿鞋等情况，而且还应考虑身上佩戴的其他东西，对紧急情况也应予以考虑。人在操作过程中姿势和身体位置经常变化，静态测得的尺寸数据会出现较大误差，设计时需用实际测得的动态尺寸数据加以适当调整。确定作业空间的尺寸范围，不仅与人体静态测量数据有关，也与人的肢体活动范围及作业方式有关。

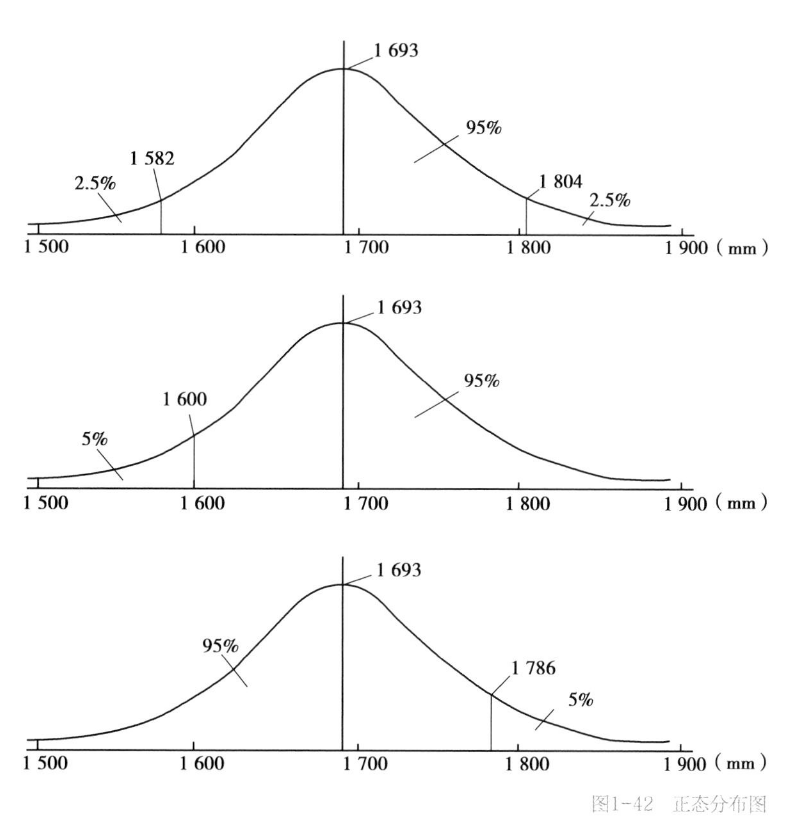

图1-42　正态分布图

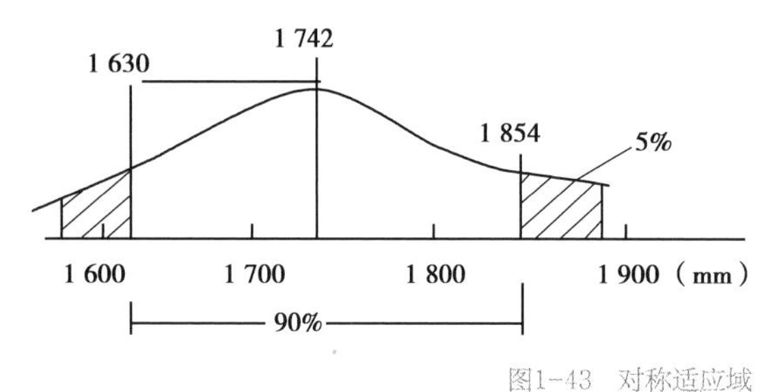

图1-43　对称适应域

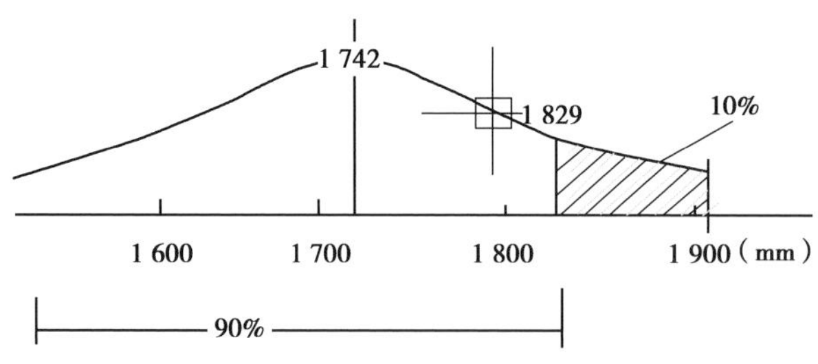

图1-44　偏适应域

（3）百分位

百分位表示设计的适应域，在人机工程学设计中常用的是第5、第50、第95百分位。以身高为例，身高分布的第5百分位表示有5%的人，身高小于此测量值；95%的身高大于此测量值，百分位数则是对应百分位的实际数值。如表1–12所示，立姿双臂展开宽度分布的第5百分位数为1 579，表示有5%的人的身高低于这个高度。

表1–12　常用的人体着装功能尺寸（男：18~60岁）

百分位（%）	立姿双臂展开宽度（mm）	立姿手伸过头顶高度（mm）	坐姿手臂前伸距离（mm）	坐姿腿前伸距离（mm）
5	1 579	1 999	781	957
50	1 690	2 136	838	1 028
95	1 802	2 274	896	1 099

经常采用第5和第95百分位的原因是其概括了90%的人体尺寸范围，能适应大多数人的需要，在具体设计中如何进行选择呢？有这样一个原则："够得着的距离，容得下的空间。"

（4）人体尺寸应用原则

设计要达到适合体型矮小的使用者的尺寸也要达到适合体型高大的使用者的尺寸。具体应考虑以下原则：

极限设计原则：设计的最大尺寸参考人体尺寸的低百分位，设计的最小尺寸参考人体尺寸的高百分位。

可调原则：设计优先采用可调式结构，调节范围应从第5百分位到第95百分位。

由人体总高度、宽度决定的物体，如门、通道、床等，其尺寸应以第95百分位的数值为依据。由人体某一部分（如臂长、腿长）决定的物体，座平面高度及手能触及的范围等，其尺寸应以第5百分位为依据。

特殊情况下，如果以第5百分位或第95百分位为限值，不仅会造成界限以外的人员使用时不舒适，还会有损健康。当某些情况会造成危险时，尺寸界限应扩大至第1百分位和第99百分位。例如，紧急出口的直径应以99百分位为准，栏杆间距应以第1百分位为准。

在设计中，可以以身高为基准的设备和用具尺寸推算人体身高，应用人体尺寸数据时，可以先做尺寸修正量。尺寸修正量包括功能修正量和心理修正量。其中，功能修正量又分为穿着修正量、姿势修正量和操作修正量（图1-45—图1-48）。

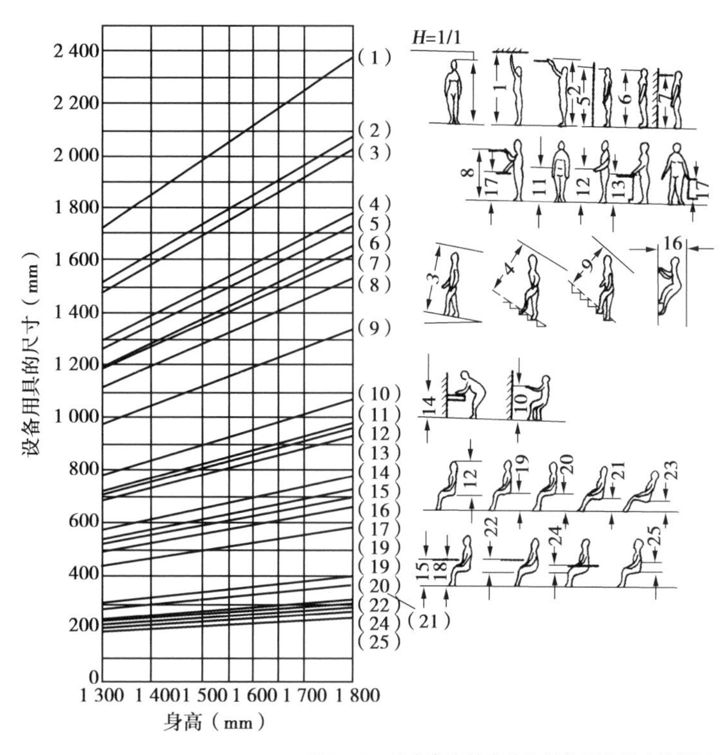

图1-45　以身高为基准的设备和用具尺寸推算图

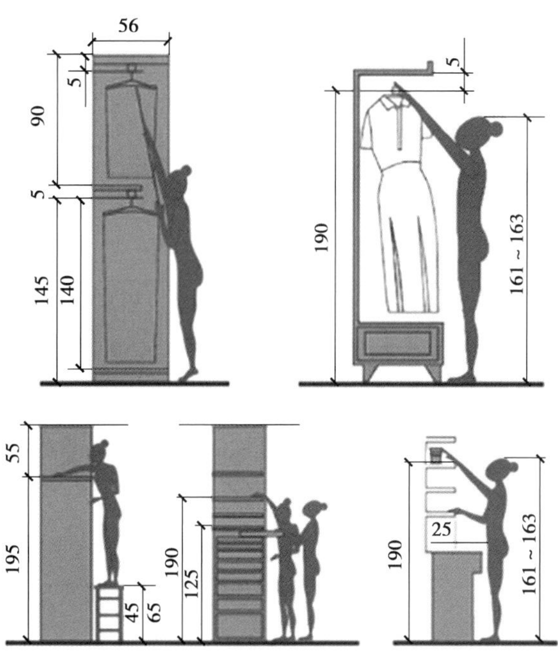

图1-46　衣柜使用中的人体尺寸（单位：cm）

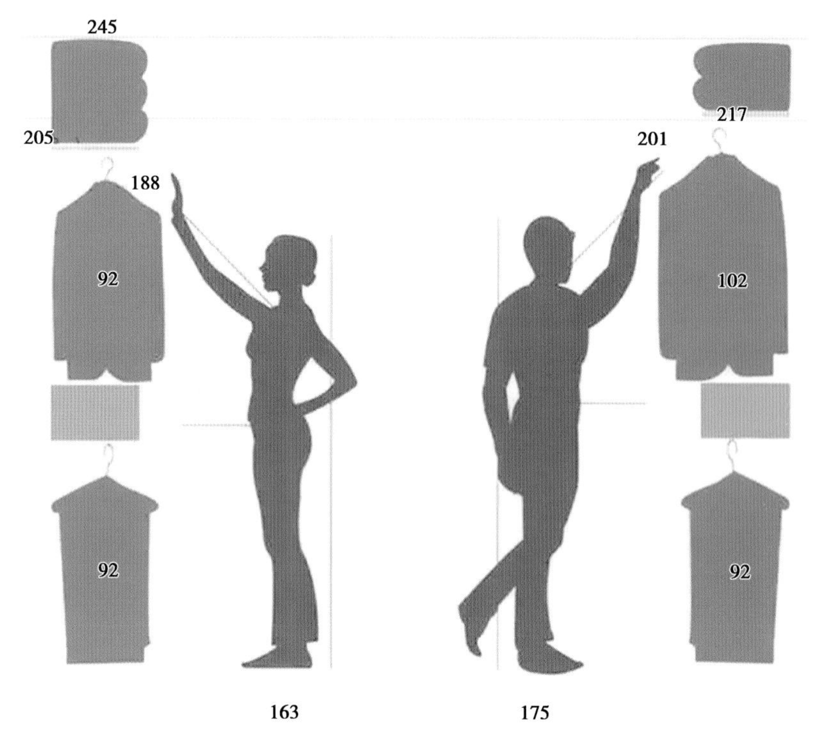

图1-47 男女尺寸对比图例（单位：cm）

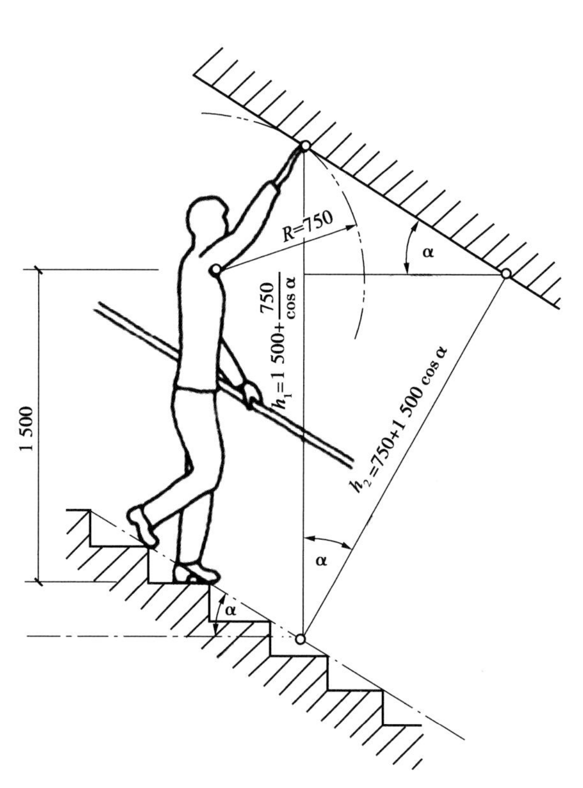

图1-48 楼梯通道的人体尺寸图例（单位：mm）

第二课 人机工程学基础

课时： 10课时

要点： 本课侧重对人体感知系统的研究，以人为主要研究对象，得出具有说服力的数据，从而设计更加优化的方案。人机工程学所涉及的学科较多，本课结合环境设计、视觉传达设计专业的需求特点举例分析和研究。

1.人体的感知

人体的感知是指感觉和知觉，在生活和工作中感觉和知觉是紧密相连的，心理学上两者统称为感知觉。

1）感觉

（1）感觉的定义

感觉是人脑对直接作用于感觉器官的事物个别属性的反映，是人们了解外部世界的渠道，也是一切复杂心理活动的基础和前提。感觉在我们的生活中具有非常重要的作用。

（2）感觉的类型

感觉的类型可分为视觉、听觉、嗅觉、味觉、皮肤感觉、本体感觉等。其中，本体感觉能告知操作者躯体正在进行的动作和相对环境以及机器的位置，而其他感觉能将外部环境的信息传递给操作者。人的感觉器官接收内外部环境的刺激，并传至大脑皮层感觉中枢，便产生了感觉。

（3）感觉的特征

感觉适应，刺激后变得不敏感，可以减少身心的负担。刺激强度到达某种程度，才能有感应器的感应，其中的强度即为绝对阈限。对适应的刺激产生反映，人体的各种感觉器官都有自身最敏感的刺激形式（表2–1）。

表2-1　人体各主要感觉器官的适宜刺激及其识别外界的特征

感觉类型	感觉器官	适宜刺激	刺激起源	识别外界的特征	作用
视觉	眼	可见光	外部	色彩、明暗、形状、大小、位置、远近、运动方向	鉴别
听觉	耳	一定频率范围的声波	外部	声音的强弱和高低、声源的方向和位置	报警、联络
嗅觉	鼻腔顶部嗅觉细胞	挥发的和飞散的物质	外部	香气、臭气、辣气等挥发物的性质	报警、鉴别
味觉	舌面上的味蕾	被唾液溶解的物质	接触表面	甜、酸、苦、咸、辣	鉴别
皮肤感觉	皮肤及皮下组织	物理和化学物质对皮肤的作用	直接和间接接触	触觉、痛觉、温度觉和压力	报警
深部感觉	机体神经和关节	物质对机体的作用	外部+内部	撞击、重力和姿势等	调整
平衡感觉	半规管	运动刺激和位置变化	内部+外部	放置运动、直线运动和摆动等	调整

2）知觉

（1）知觉的定义

知觉是人脑对直接作用于感觉器官的客观事物和主观状况的整体反映，是对感觉信息的组织和解释的过程。知觉受人的知识、经验、情绪、态度等因素的制约和影响，是人们借助已有的知识经验所做的信息选取。

（2）知觉的特征

整体性：把许多部分或是属性相同的组成对象看作一个有结构的整体。

选择性：把对象从某个背景优选出来，这个人的主观因素起到相当大的作用。

理解性：用以往的知识和经验理解当前的知觉对象。

恒常性：在一定范围内发生变化，而知觉的印象却保持相对不变的特性。例如，人们总是根据记忆中的印象、经验、知识等去感知事物。

错觉：与客观事物不相符的错误知觉。错觉是普遍存在的，如图形错觉、透视错觉、空间错觉等。生活中设计师经常借用这些特性设计出有趣的作品。

知觉的选择性强调对象与背景的关系，知觉的整体性是部分与整体的关系，知觉的理解性是表象与本质的关系，知觉的恒常性是条件与对象的关系。而在这四个特性中，知觉的理解性在其余三种特性中都有所表现（图2-1—图2-5）。

空间知觉是人脑对空间特性的反映，人眼能在有高度和宽度的空间基础上看出深度。人在空间视觉中依靠很多客观条件和机体内部条件来判断物体的空间位置。空气透明度小，看到的物体就显得远，反之则显得近。由于透视等因素，人们通过物体线条也能感知物体的空间距离。在建筑外形及室内空间设计中对空间知觉都有所借鉴和应用（图2-6、图2-7）。

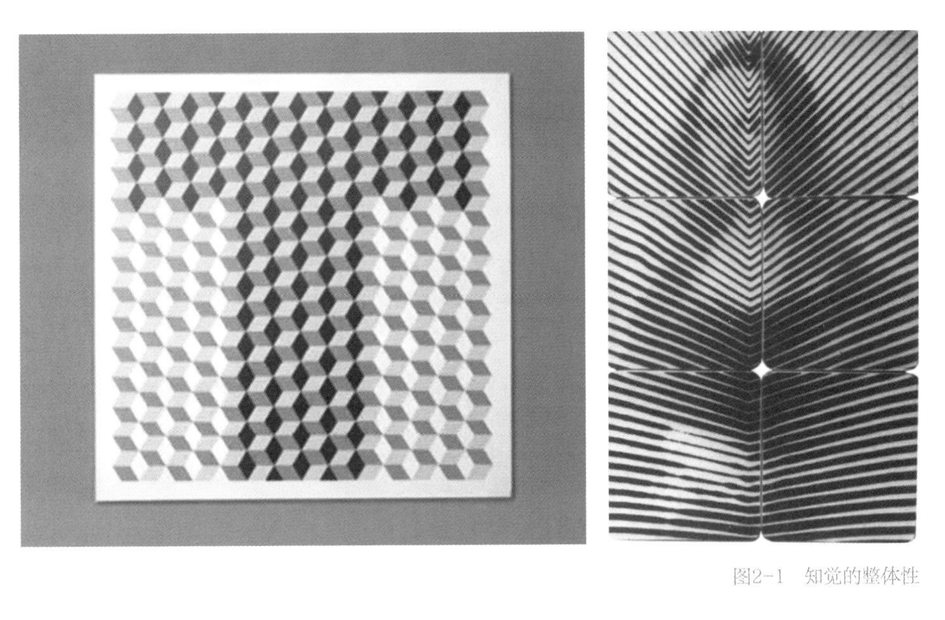

图2-1　知觉的整体性

图2-2　错觉

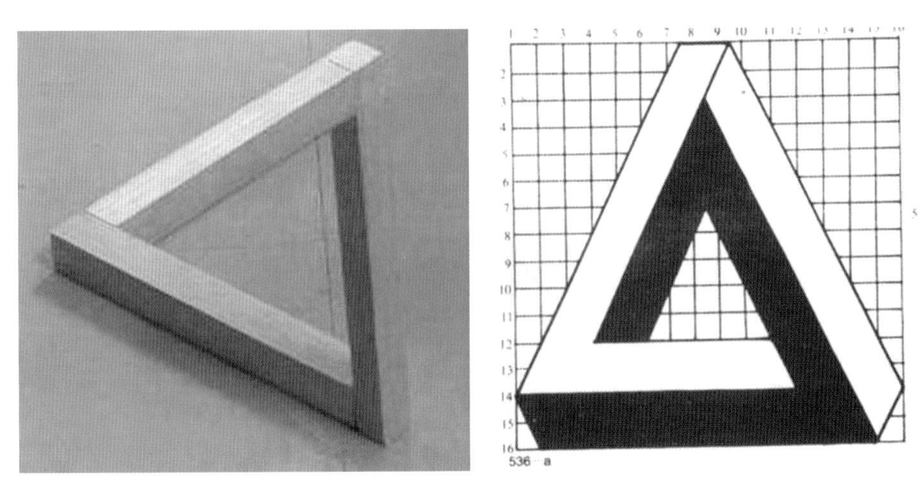

图2-3　空间错觉

图2-4　知觉的选择性——“鲁宾之杯”反转图形

图2-5　知觉的理解性

图2-6　知觉图形

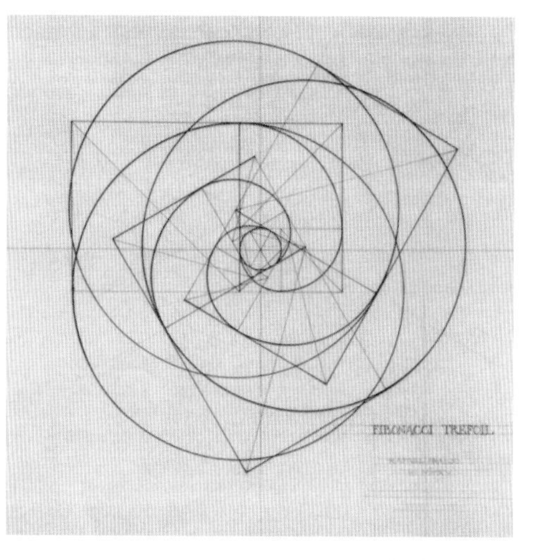

图2-7　知觉图形分析

3）视觉

（1）视觉的定义

视觉是光进入人眼睛后产生的，眼睛让我们看到了物体的形状、颜色等信息。视觉捕捉到的信息是人观察物体的反映，而从物体两端引出的光线在人眼光心处所形成的夹角称为视角，在设计中视角是确定设计对象尺寸大小的重要依据（图2–8、图2–9、表2–2）。

（2）视野

当人的头部与眼球保持不动时，眼睛观看正前方的物体所能看见的空间范围称为视野，通常以角度表示，向上约为55°，向下约为70°，左右各约为94°（图2–10、图2–11）。

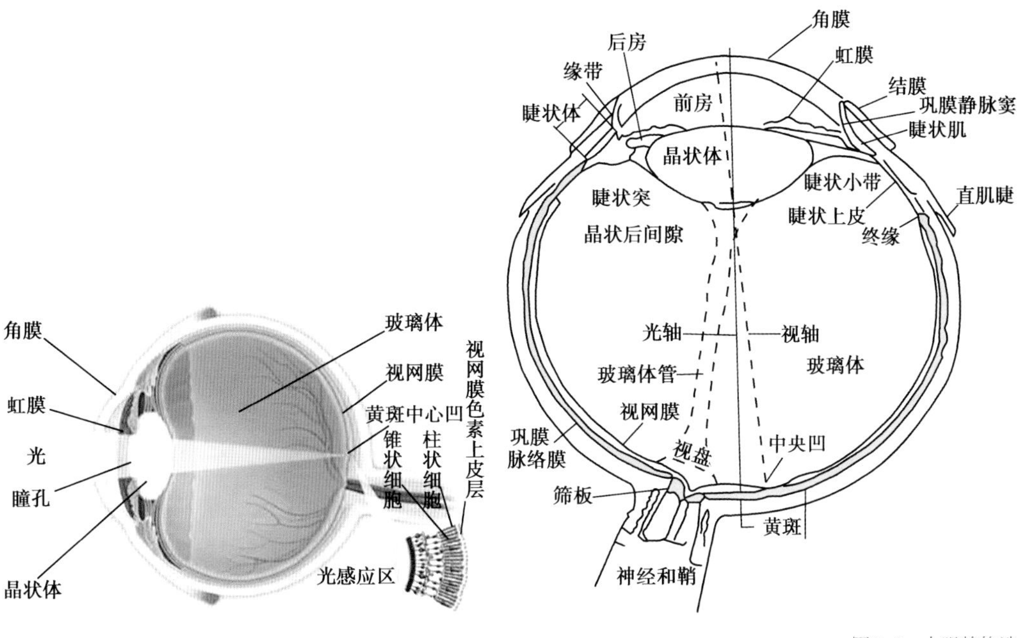

图2-8 人眼的构造

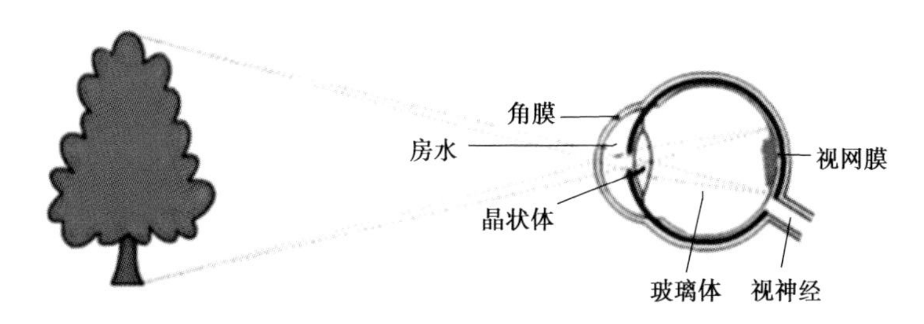

图2-9 外界物体在视网膜上成像示意图

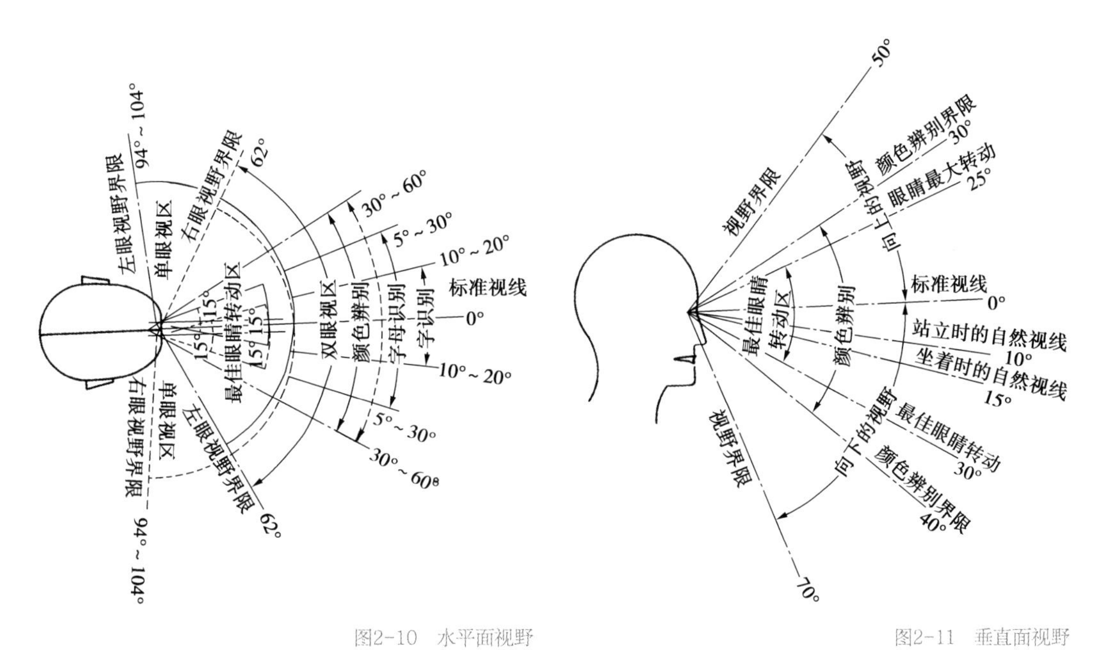

图2-10 水平面视野

图2-11 垂直面视野

表2-2　设计中视角的参考依据

垂直最佳视野	上、下各1.5°
最佳视野范围	水平视线以下30°
有效视野范围	水平视线以上25°，以下35°
最大固定视野	115°
扩大的视野	150°

在垂直面内，人的自然视线低于标准视线，直立时低15°，放松站立时低30°，放松坐姿时低40°。人工作时头部转动左右不宜超过45°，上下均不宜超过30°。当人转移视线时，约有97%的时间视觉是不真实的，因此避免在转移视线时观察事物。

（3）视距

视距是指人在正常的操作系统中进行观察的距离，一般可根据观察目标的大小、形状及工作要求确定视距。通常观察目标的距离在5.6 m较为适宜，低于3.8 m会引起目眩，超出7.8 m则细节看不太清楚，生活中应根据具体的任务要求选择最佳的视距（图2-12、图2-13、表2-3）。

图2-12　视角与视距示意图

图2-13　工作台的视距参照

表2-3　视距参照表

任务要求	举例	视距	固定视野直径	备注
最精细的工作	安装最小部件	12~25 cm	20~40 cm	安全坐着，部分依靠视觉辅助手段（小型放大镜、显微镜）
精细工作	安装收音机、电视机	25~35 cm	40~60 cm	坐着或站着
中等粗活	在印刷机、钻井机床旁工作	50 cm以下	约80 cm	坐着或站着
粗活	包装，粗磨	50~150 cm	30~250 cm	多为站着
远看	黑板，开汽车	150 cm以上	250 cm	坐着或站着

人们可根据工作任务的性质来选择作业岗位，其中作业岗位可分为坐姿作业岗位、立姿作业岗位和坐立姿交替作业岗位（表2-4）。

表2-4 不同作业岗位的特征

岗位名称	特征
坐姿作业岗位	适合从事轻、中作业且不要求作业者在作业过程中走动的工作
立姿作业岗位	适合从事中、重作业以及坐姿作业岗位的设计参数和工作区域受到限制的工作
坐立姿交替作业岗位	适合操作者在作业的过程中不得不采用不同的作业姿势来完成的工作

以手工操作为主的生产岗位称为手工作业岗位，具体尺寸见图2-14。

作业岗位的设计要求：作业岗位的布局应保证工作能在上肢所能达到的范围内完成，且考虑下肢的舒适性；考虑操作动作的频繁程度；考虑作业者的群体。

作业岗位的设计原则：作业岗位应考虑作业者的生理特点和动作的经济性原则；作业岗位的各组成部分应符合工作特点和人机工程学要求；作业岗位不允许无关物体存在；作业岗位设计应符合国家有关标准和规程的要求。

（4）视度

视度是指观看物体清晰的程度。制约物体视度的因素包括物体的视角、物体及其背景间的亮度对比、物体的亮度、观察者与物体的距离、观察时间的长短。人眼沿着水平方向比垂直方向运动速度快，不容易产生疲劳，在视觉运动规律上习惯从左到右、从上到下，以顺时针方向运动。

人要看清物体，习惯于从左到右、从上到下、顺时针进行，且水平方向优于垂直方向，对水平方向的尺寸和比例的估计要比垂直方向更为准确、迅速和省劲。在偏离视中心时，在相同偏离条件下观察的优先次序是左上、右上、左下、右下象限（图2-15）。生活中的案例有很多，如常用的网页界面的布局设计、手机界面的布局设计等。

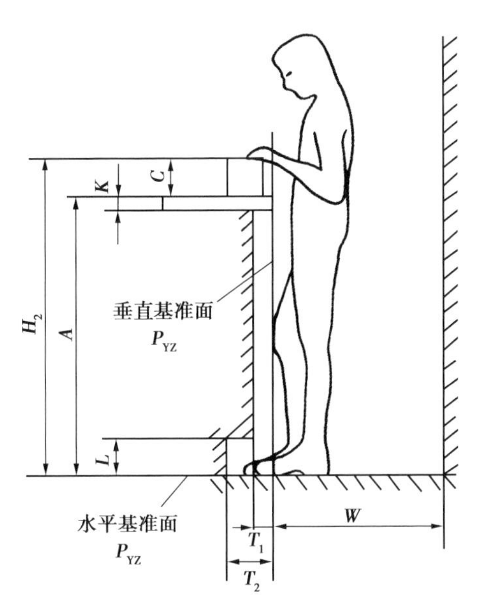

图2-14 以手工操作为主的生产岗位尺寸参照

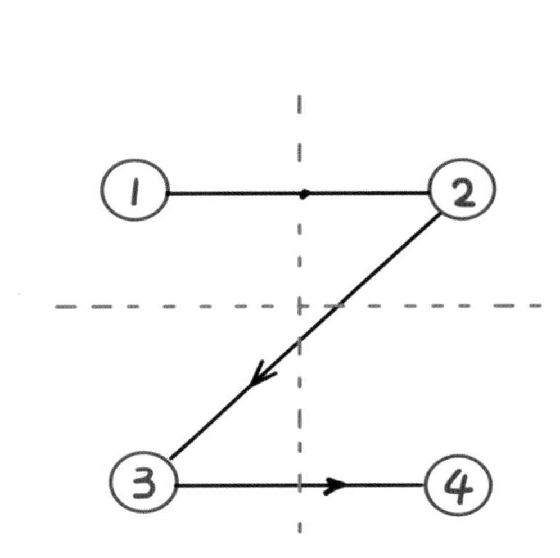

图2-15 观察偏离视中心的主次顺序

色彩是人眼对可见光的感觉，波长小于400 nm的紫外线和波长大于700 nm的红外线都不能使人眼产生色彩感。不同颜色对眼睛的刺激是不相同的，人眼的色视野也不同，白色的视野最大，黄色、蓝色、红色、绿色的视野逐渐变小（图2–16、图2–17）。

人眼对各种光谱成分有不同的感受，在明视条件下，人眼最敏感的波长为555 nm，在暗视条件下，人眼最敏感的波长为507 nm。人在暗环境中可以看到大的物体或运动的物体，但不能看清物体的细节，也不能分辨颜色。暗适应过程受照明光颜色、强度和作用时间等因素影响，相同色块在与不同颜色的背景进行对比时，会产生色彩错视觉（图2–18、图2–19）。

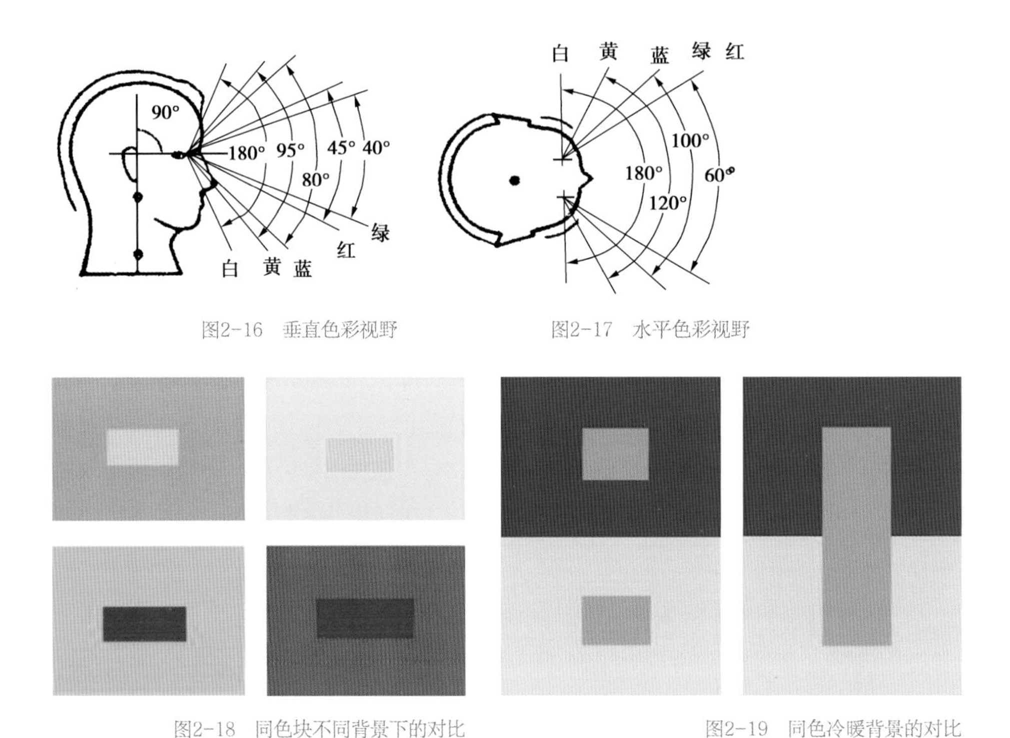

图2–16　垂直色彩视野

图2–17　水平色彩视野

图2–18　同色块不同背景下的对比

图2–19　同色冷暖背景的对比

物体与背景有一定的对比度时，人眼才能看清其形状，这种对比可以用颜色也可以用亮度进行调整。我们对一个物体颜色的判断会受其周围物体颜色的影响而发生色调的变化，通常情况下，对比会使物体的色调向着背景颜色的补色方向变化。例如，同一块灰色放在蓝色和黄色背景上给人的感观会有所不同，前者偏黄，后者则偏蓝。

人们在明暗变化的边界上，在亮区会看到一条更亮的光带，在暗区也会看到一条更暗的线条，这种现象称为马赫现象。如图2–20所示，我们第一感觉是A比B、C比D暗，实际上A和B、C和D的明暗度是一样的。各种颜色的波长分析见表2–5。

图2-20 马赫带现象

表2-5 颜色波长分析表

颜色	波长（nm）	频率（Hz）$\times 10^{14}$
紫色	400	7.5
	450	6.7
蓝色	480	6.2
蓝绿色	500	6.0
绿色	540	5.6
黄绿色	570	5.3
黄色	600	5.0
橙色	630	4.8
红色	750	4.6

视觉所感知的色彩都具有色相、明亮度和纯度三种特性，即色彩三要素。任何设计都离不开色彩，设计者在设计产品时，会产生丰富的视知内容，如冷暖感、轻重感、软硬感、强弱感、明暗感等（表2-6、图2-21、图2-22）。

表2-6 色彩的搭配技巧

色彩的搭配类型	色彩的搭配技巧
互补色搭配	色彩对比强，效果强烈，色彩张力最强
同类色搭配	容易协调统一，色相之间丰富而有变化
对比色搭配	华丽、鲜艳，给人活跃、快乐的视觉心理感受

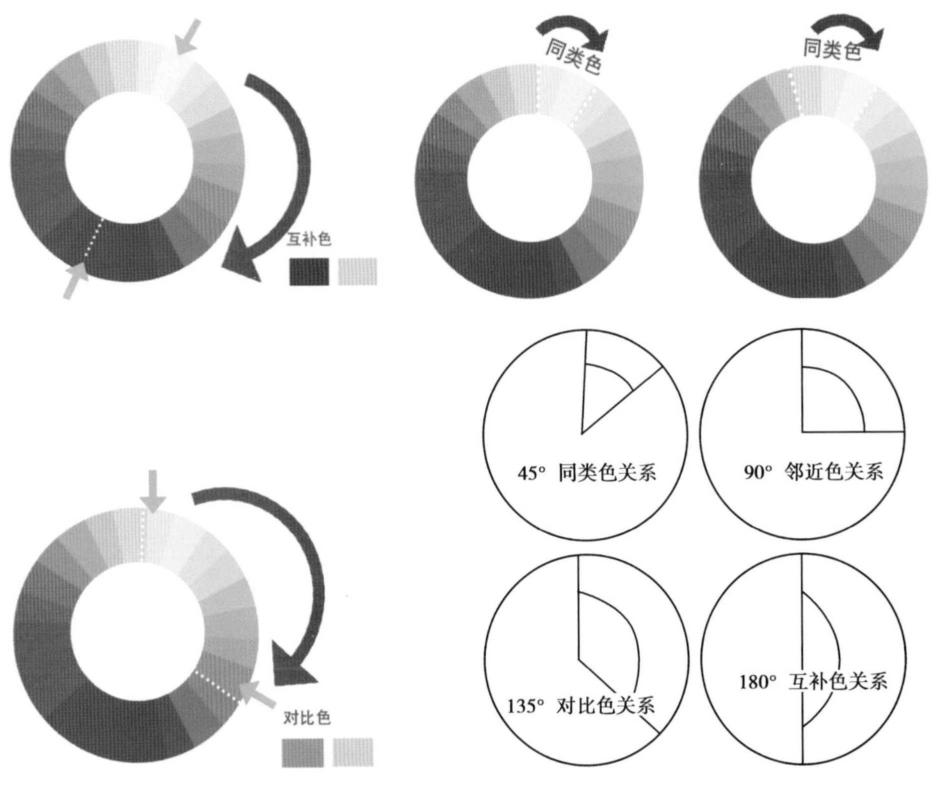

图2-21　色环上的色彩关系

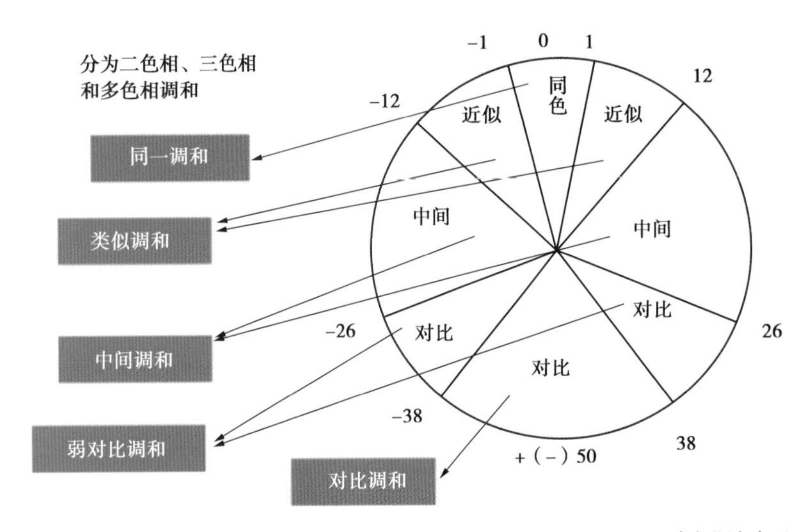

图2-22　色相调和参照

色彩的直接心理效应来自色彩的物理光刺激，是对人的生理发生的直接影响，心理学家对此曾做过许多实验。在红色环境中，人的脉搏会加快，血压有所升高，情绪兴奋冲动；而在蓝色环境中，脉搏会减缓，情绪也较沉静。科学家还发现，颜色能影响脑电波，脑电波对红色的反应是警觉，对蓝色的反应是放松（表2-7、表2-8）。

表2-7 色相的心理效应

色相	心理效应
红	激情、热烈、喜悦、吉庆、革命、愤怒、焦灼
橙	活泼、欢喜、爽朗、温和、浪漫、成熟、丰收
黄	愉快、健康、明朗、轻快、希望、明快、光明
绿	安静、新鲜、安全、和平、年轻
青	沉静、冷静、冷漠、孤独、空旷
紫	庄严、不安、神秘、严肃、高贵
白	纯洁、朴素、纯粹、清爽、冷酷
灰	平凡、中性、沉着、抑郁
黑	黑暗、肃穆、阴森、忧郁、严峻、不安、压迫

表2-8 色调的心理效应

属性	色调	颜色	心理效应
明度亮度	明调	含白成分	透明、鲜艳、悦目、爽朗
	中间调	平均明度及面积	呆板、无情感、机械
	暗调	含黑成分	阴沉、寂寞、悲伤、刺激
	极高调	白–淡灰	纯洁、优美、细腻、微妙
	高调	白–中灰	愉快、喜剧、清高
	低调	中–灰黑	忧郁、肃穆、安全、黄昏
	极低调	黑加少量白	夜晚、神秘、阴险、超越
彩度	鲜艳度	含白成分	鲜艳、饱满、充实、理想
	灰度	含黑及其他色成分	沉闷、浑浊、烦恼、抽象
色性	冷调	青、蓝、绿、紫	冷静、孤僻、理智、高雅
	暖调	红、橙、黄	温暖、热烈、兴奋、感情

人依靠眼睛可获得约87%的外来消息，而眼睛只有通过光作用在物体上才能获得信息，故色彩有唤起人的第一视觉的作用。色彩能改变室内环境氛围，也能影响人的视觉感受。有经验的建筑师和室内设计师都很重视色彩对人的物理、生理和心理作用，利用色彩唤起人的联想和情感共鸣，在室内设计中创造富有个性、层次和美感的色彩环境。

暖色和明度高的色彩具有扩散作用，物体就显得大，而冷色和暗色具有内聚作用，物体就显得小。不同明度和冷暖也会通过对比作用显示出来，室内不同家具、物体的大小和整个室内空间的色彩处理有着密切的关系，可以利用色彩来改变物体的尺度、体积和空间感，使室内各部分之间的关系更为协调。

室内环境气氛主要是利用色彩的知觉效应，如利用色彩的温度感、距离感、重量感、尺度感等来调节和创造室内环境氛围。如在缺少阳光或阴暗的房间采用暖色，以增添亲切温暖的感觉；在阳光充足的房间则往往采用冷色，起降低室温感的作用（表2-9）。

表2-9　视觉的特征

特征类型	特征内容
疲劳程度	水平优于垂直
视线变化习惯	左—右，上—下，顺时针
准确性	水平尺寸和比例的估计更准确
观察情况的优先性	左上—右上—左下—右下，视区内的仪表布置必须考虑这一点
设计依据	以双眼视野为设计依据
接受程度	直线轮廓优于曲线轮廓
颜色的易辨认顺序	红、绿、黄、白
颜色相配时的易辨认顺序	黄底黑字、黑底白字、蓝底白字、白底黑字

4）听觉

人体的听觉器官是耳朵，可听声主要取决于声音的频率，青少年（年龄为12~25岁）能够觉察到的频率范围是16~20 000 Hz。对于频率为1 000~4 000 Hz的声波，人的感受性最强（表2-10）。

表2-10　视觉和听觉感受信息特点比较

比较内容	听觉	视觉
接收	无须直接探索	需要注意和定位
速度	快	慢
顺序	最容易保留	容易失去
紧急性	最容易体现	难于体现
干扰	受视觉影响小	受听觉影响大
符号	有旋律的、语言的	有图形的、文字的
灵活性	可塑性最大	可塑性
适合性	时间信息优势	空间信息优势
	有节奏的资料	已存储的资料
	警戒信号	常规多通道核对

5）嗅觉和味觉

嗅觉是一种较原始的感觉，在日常生活和工作中离不开嗅觉。嗅觉是警报的信号，虽没有视觉和听觉那样重要，但它和人的生活息息相关。环境气味刺激鼻腔里的嗅感细胞产生嗅觉，能引起嗅觉的物质有很多。在室内环境中利用嗅觉的特点，可以适当变换房间的气味。用舒适的气味改变不愉快气味，如卫生间香味盒的使用等。

味觉感受器是味蕾，在口腔和咽部黏膜表面也有味蕾的存在。人类能分辨的基本味为甜、酸、苦、咸，不同物质的味道与其分子结构有关。

6）肤觉和触觉

肤觉是靠皮肤表面的感受器接受外来刺激而产生的感觉。肤觉并非单一感觉，而是包括触觉、痛觉、温觉、冷觉等。

触觉是微弱的机械刺激触及皮肤浅层的感受而引起的，能辨别物体的大小、形状、硬度、光滑度等触感。触觉与视觉一样，是人们获得空间信息的主要途径。触觉是对客体的形状知觉，由触觉的定位特性而感知客体的形状。在室内设计中，椅面、床垫、栏杆、扶手、墙壁转角、台口等方面都要满足触觉的要求。

2.人体的心理与行为特征

人在室内环境中其心理与行为有个体上的差异，从总体来说具有共性，即以相同或类似的方式作出反应的特点。

1）领域性与人际距离

领域性是指动物在环境中为取得食物、繁衍生息的一种适应生存的行为方式。人在室内环境中的生产与生活，总是力求活动不被外界干扰或妨碍。不同的活动有其必需的生理和心理范围和领域，人们不希望被外来的人和物轻易打破。

室内环境中个人空间常需要与人际交流、接触时所需的距离通盘考虑。根据不同的接触对象和场合，人际接触在距离上各有差异。赫尔以动物的环境和行为的研究经验为基础，提出了人际距离的概念，根据人际关系的密切程度、行为特征确定人际距离，具体可分为密切距离、人体距离、社会距离和公众距离。

每种距离根据不同的行为性质可分为接近相和远方相。例如，在密切距离中，亲密、对对方有可嗅觉和辐射热感觉为接近相，可与对方接触握手为远方相。当然，不同的民族、宗教信仰、性别、职业和文化程度，其人际距离也会有所不同。

2）私密性与尽端趋向

如果说领域性主要在于空间范围，那么私密性更涉及在相应空间范围内包括视线、声音等方面的隔绝要求，因此私密性在居住类室内空间中的要求更为突出。

日常生活中，入住集体宿舍的人，总是愿意挑选在房间尽端的床位，因为在生活和就寝时受到的干扰相对较少。同样，人们就餐挑选座位时，最不愿意选择近门处或有人流频繁通过的座位，餐厅中靠墙卡座的设置，在室内空间中形成更多的尽端，也就更符合散客就餐时尽端趋向的心理需求。

3）依托的安全感

从心理层面上讲，人们在室内空间活动时并不是越开阔越好，而是更愿意有所依托。例如，在车站候车厅或站台上，人们并未较多地停留在最容易上车的地方，而是更愿意待在柱子附近，适当地与人流通道保持距离，因为这样更有安全感。

4）从众与趋光心理

公共场所发生紧急情况时，人们往往会盲目跟从人群中领头几个急速跑动的人的去向，不管其去向是否为安全疏散口。这种情况就属于从众心理。人们在室内空间流动时，具有从暗处向较明亮处流动的趋向，这就是趋光心理。同样，紧急情况下语言引导优于文字引导。

5）空间形状的心理感受

由各个界面围合而成的室内空间，其形状特征常会使活动于其中的人们产生不同的心理感受。著名建筑师贝聿铭先生曾对他的作品——具有三角形斜向空间的华盛顿艺术馆新馆——有很好的论述，他认为三角形、多灭点的斜向空间常给人以动态和富有变化的心理感受。

6）人的行为习性

人行为的目的是实现一定的目标、满足一定的需求。行为是人自身动机或需要作出的反映，如抄近路、识图性、左转弯、从众性、向光性、聚众效应等。

我们分析研究人的行为特征、行为习性的主要目的在于合理地确定人的行为与空间的对应关系（即空间的连接、空间的秩序），进而确定空间的位置（即空间的分布）。

不同的环境行为有不同的行为方式和不同的行为规律，也表现出各自的空间流程和空间分布。任何一个行为空间都包括人的活动范围和家具、设备等所占据的空间范围。室内空间分布不仅确定了行为空间的范围，而且确定了行为空间的相互关系，即空间秩序。适应行为要求的室内空间尺度是相对概念，其空间大小也是动态尺寸。同时，室内空间尺度也是一个整体概念，首先要满足人的生理需求，涉及环境行为的活动范围，并满足行为要求的家具、设备等所占的空间大小及人的心理需求。

7）行为与室内空间设计概念的关系

行为空间尺度包括大空间、中空间、小空间和局部空间。

（1）大空间

大空间主要是指公共行为的空间，设计处理上要特别将人际行为的空间关系搞好。在这个空间里，个人空间基本是等距离的，空间感是开放性的，空间尺度相对比较大。

（2）中空间

中空间主要是指事物行为的空间，如办公室、研究室、教室、实验室等。在处理这类空间关系时，既不是单一的个人空间，也不是相互间没有任何联系的公共空间，而是为少数人因某种事情的关联而产生的聚合行为空间，具有开放性和私密性。这类空间尺度的确定首先是满足个人空间的行为要求，再满足与之相关的公共事物行为的要求。

（3）小空间

小空间一般是指有较强个人行为的空间，如卧室、客房、经理室、档案室、资料室等，这类空间具有较强的私密性，但在空间尺度上要求不高，主要是满足个人的行为活动要求。

（4）局部空间

局部空间主要是指人体功能尺寸空间，该空间的尺度大小主要取决于人的活动范围，如站、立、坐、卧、跪等所产生的活动，主要满足人在静态空间上的要求。

当人在室内走、跑、跳、爬时，应满足人的动态空间要求。设计师应根据人的行为和知觉要求尺度，对室内空间进行组合和调整。例如，现代大型商场的室内设计，顾客的购物行为已从单一的购物发展为购物—游览—休闲—信息—服务等行为（图2–23）。

3.人体与空间环境

人是自然环境的产物，自然环境是人类生存、繁衍的物质基础，是维护人类生存和发展的前提。人和环境的交互作用表现为刺激和效应，其中包含了物理因素和社会因素等多方面的影响。维护自然环境的平衡应尽量减少对环境的污染，如机器运行时所产生的废气、废液、废渣、噪声、振动等。因此，协调好“人—机—环境”三者之间的关系非常重要（图2–24）。

我国是发展中国家，人口众多，耕地相对较少，城市高度发展，环境污染严重。在乡镇规划中，提出生态循环系统的综合治理；在城市规划中，提出生态城市的概念；在建筑设计中，提出生态建筑的设想；在室内设计中，提出绿色建材的综合利用，创造健康、卫生、安全的人工环境。

1）人和环境

人体外感官和环境的交互作用是环境因素引起的物理刺激或化学刺激。例如，夏季气温很高，人体迅速排汗，以降低体温；冬季气温降低，人体皮肤会收缩。强烈的阳光刺激，人眼会自动调节闭合，减少进光量，以适应环境；在黑暗的地方，眼睛会自动调节，以便看清周围的环境。手碰到很热或很冷的物体时便会自动缩回；当突然听到很响的声音时，会自觉捂起耳朵；当闻到异味刺激时，会捂起鼻子，闭紧嘴巴等，如图2–25所示。

人体对环境的适应程度分为最舒适区、舒适区、不舒适区、不能忍受区（图2–26）。

人体感觉舒适可分为生理舒适和主观舒适主要取决于气温、湿度、气流速度等，同时，与人的体质、年龄、性别、着装习惯等也有重要关系。舒适的温度一般为21~23℃（表2–11、表2–12）。

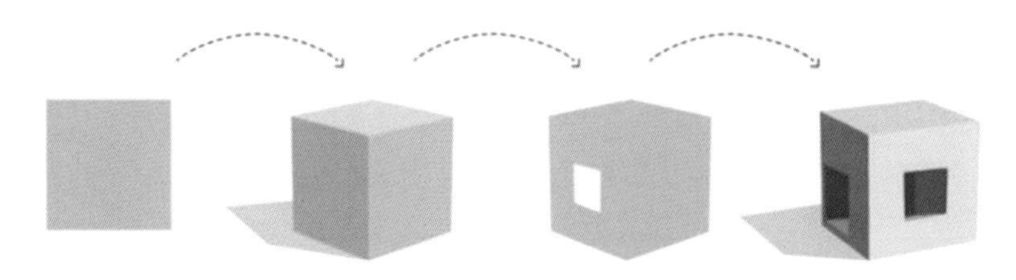

图2-23　空间的形成

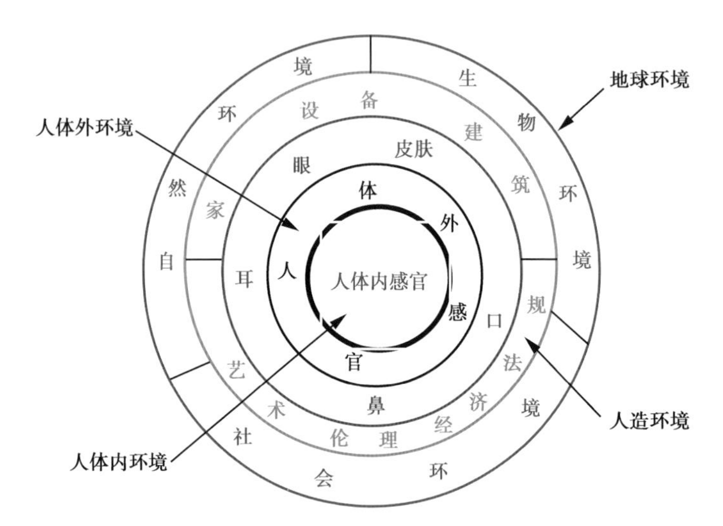

图2-24　人机环境系统图

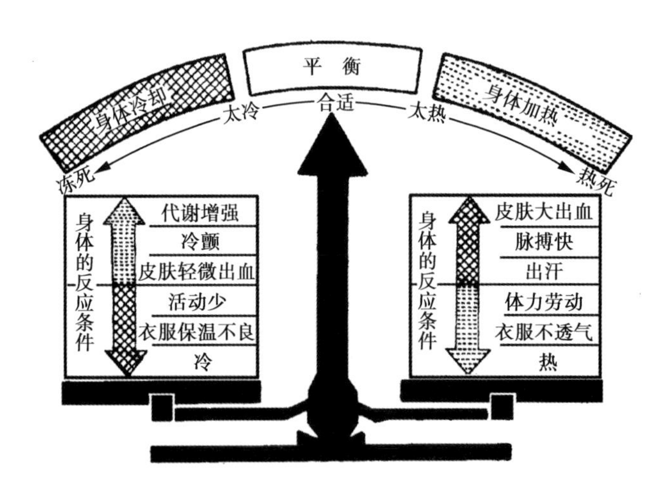

图2-25　人体热平衡状态

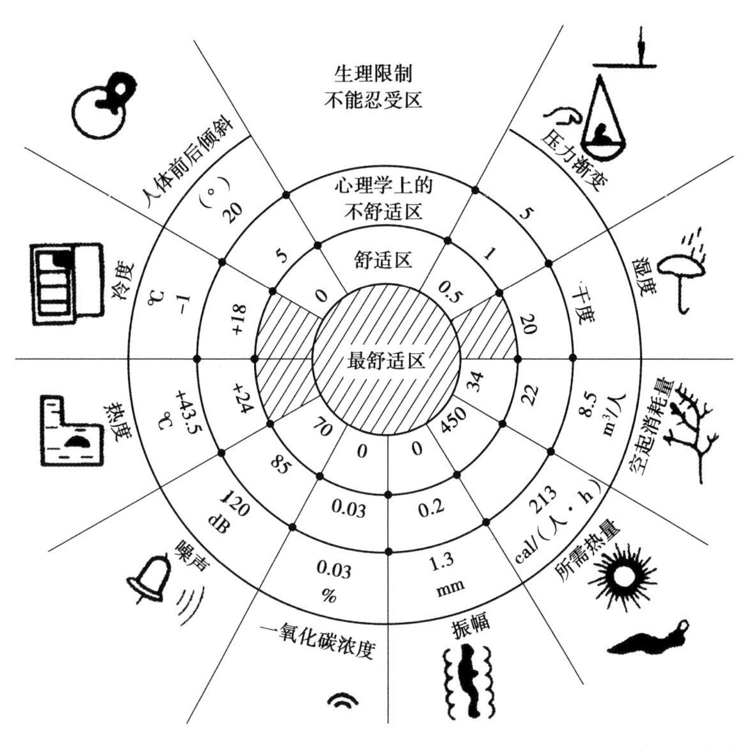

图2-26 舒适程度分布表

表2-11 工厂车间内作业区的空气温度和湿度标准

车间和作业的特征			冬季		夏季	
			温度（℃）	相对湿度	温度（℃）	相对湿度
主要放散对流热的车间	散热量不大的	轻作业	14~20	不规定	不超过室外温度3℃	不规定
		中等作业	12~17			
		重作业	10~15			
	散热量大的	轻作业	16~25	不规定	不超过室外温度5℃	不规定
		中等作业	13~22			
		重作业	10~20			
	需要人工调节温度和湿度	轻作业	20~23	≤75%	31	≤70%
		中等作业	22~25	≤65%	32	≤60%
		重作业	24~27	≤55%	33	≤50%
放散大量辐射热和对流热的车间 辐射强度大于2.5×10^5 J/（h·m）			8~15	不规定	不超过室外温度5℃	不规定
放散大量湿气的车间	散热量不大的	轻作业	16~20	≤80%	不超过室外温度3℃	不规定
		中等作业	13~17			
		重作业	10~15			
	散热量大的	轻作业	18~23	≤80%	不超过室外温度5℃	不规定
		中等作业	17~21			
		重作业	16~19			

表2-12　采暖温度、湿度、允许风速参照

温度（℃）	湿度（%）	允许风速（m / s）
18	40~60	0.20
20	40~60	0.25
22	40~60	0.30
24	40~60	0.40
26	40~60	0.50

人和环境是一个相互作用的共同体，研究数据表明，凡是能使该环境内80%的人感到满意的环境就是这个时期的舒适环境。除了以上分析数据以外，还有关于噪声的问题，30~80 dB能被多数人所接受，120 dB会使人感到烦躁，30 dB以下太安静也会使人产生寂寞甚至恐怖的感觉。因此，30~80 dB的声环境就是舒适的环境（表2-13）。

表2-13　声环境数据参照

声压级（dB）	人耳感觉	对人体的影响
0~9	刚能听见	安全
10~29	很安静	安全
30~49	安静	安全
60~69	感觉正常	安全
70~89	逐渐感到吵闹	安全
90~109	吵闹到很吵闹	听觉慢性损伤
110~129	痛苦	听觉较快损伤
130~149	很痛苦	其他生理受损
150~169	无法忍受	其他生理受损

为了保证人们的正常工作和休息不受到噪声的干扰，声学研究所结合我国具体情况，提出环境噪声标准建议值（表2-14）。

表2-14　城市5类区域环境噪声标准值

类别	区域	昼间（dB）	夜间（dB）
0	疗养区、高级别墅区、高级宾馆区等（位于城郊或乡村的上述区域）	50（45）	40（35）
1	住宅区、文教机关区等	55	45
2	住宅、商业和工业的混杂区	60	50
3	工业区	65	55
4	城市交通干线、内河航道和铁路干线的两侧和穿越区	70	55

注：昼间指6:00—20:00，夜间指22:00—6:00。

控制噪声首先要从声源上根治，其次可以从噪声传播途径上采取控制措施（表2-15、图2-27）。

表2-15　几种墙面材料的吸声效果吸声比例　　单位：%

吸声效果	墙面材料名称	声波频率		
		125 Hz	500 Hz	1 000 Hz
较差	上釉的砖	1	1	1
	不上釉的砖	3	3	1
	表面油漆过的混凝土块	10	6	7
	钢	2	2	2
中等	混凝土上铺软木地板	15	10	7
	抹了泥或灰的砖或瓦	14	6	4
较好	胶合板	28	17	9
	粗糙表面的混凝土块	36	31	29
	覆有25 mm厚的玻璃纤维层的墙面	14	67	97
	覆有76 mm厚的玻璃纤维层的墙面	43	99	98

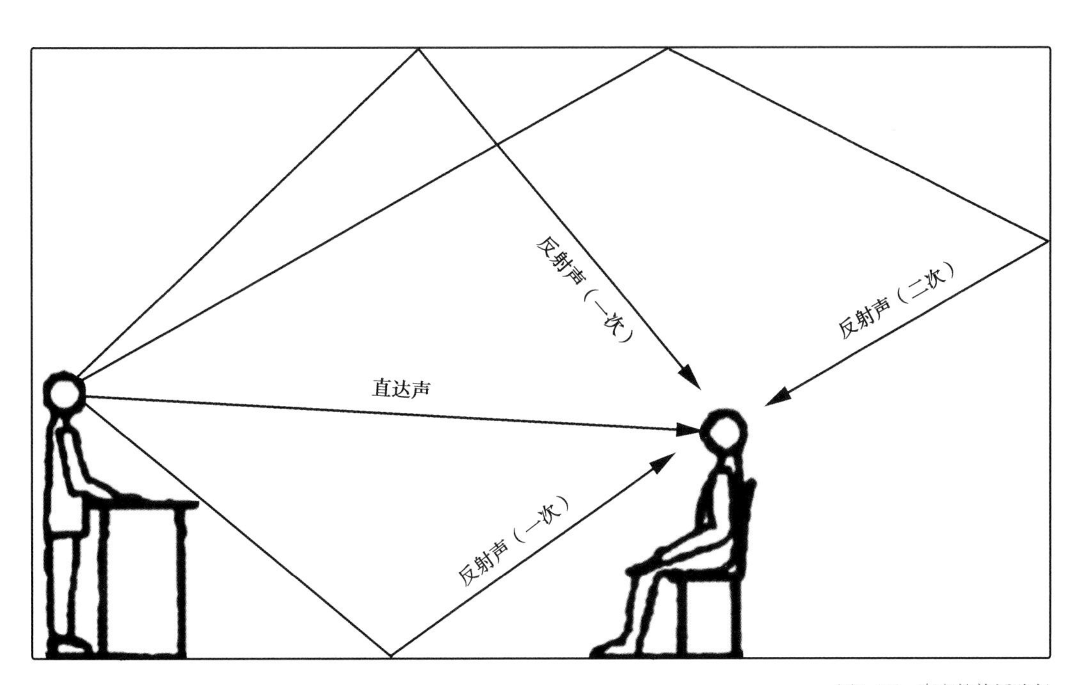

图2-27　声音的传播路径

2）人与光环境

光环境的设计对环境氛围的营造、安全条件的创建和生产效率的保障起到重要作用，是设计中不可缺少的要素。光是视觉感知的必要条件，在设计中照明环境的设计至关重要。

照明可分为天然照明和人工照明。由于天然照明的照度和光谱性质对人的视觉和健康有利，与室外自然景色联系在一起，可以提供人们所关心的气候状态，以及形体的空间定时、定向和其他动态变化的信息。

天然采光的窗户形状具有以下特点：水平窗可以使人舒服、开阔；垂直窗可以取得条屏挂幅式构图景观和大面积实墙；落地窗可取得同室外环境的紧密联系感；高窗台可以减少眩光，取得良好的安定感和私密性；天窗可以看到天空的云影，并提供时光的信息，使人置身于大自然的感觉。

各种漏窗、花格窗，由于光影的交织，似透非透，虚实对比，使自然光透射到粉墙上，产生变化多端、生动活泼的景象（图2-28）。

太阳光谱具有固定的光色，而人工照明却具有冷光、暖光、弱光、强光、各种混合光，可根据环境意境选用不同的照明。人工照明设计就是利用各种人造光源的特性，通过灯具造型设计和分布设计，造成特定的人造光环境。由于光源的革新、装饰材料的发展，人工照明已不仅仅满足室内普通照明、工作照明的需要，而是进一步向环境照明、艺术照明发展。利用灯光可以指示方向、造景、扩大室内空间等（图2-29）。

光通量是单位时间内光源辐射出来并引起人眼视觉的光辐射能，单位为流明（lm）。

发光强度在光学中简称光强或光度，是表示光源给定方向上单位立体角内光通量的物理量，单位为坎德拉（cd）。发光强度的定义考虑人的视觉因素和光子特点，是在人的视觉基础上建立起来的。

亮度是单位面积光源表面在给定方向上的发光强度，单位为坎德拉/平方米（cd/m^2）。

照度是光源投射在单位面积物体上的光通量，单位为勒克斯（lx）。

值得注意的是，亮度是对光源的，照度是对被照射面的。灯的光效系数是消耗1 W功率所产生的光通量的流明数，灯的光效系数用流明/瓦（lm/W）表示（表2-16）。

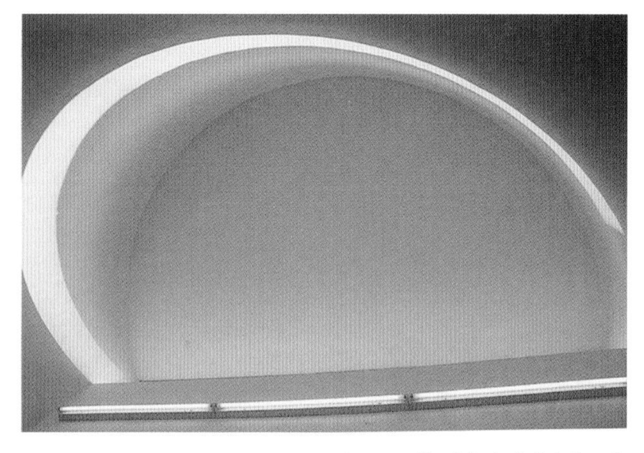

图2-28　德国斯图加特美术馆天窗

图2-29　通道灯光设计

表2-16 几种类型灯具的光效系数范围

灯具类型	光效系数范围（lm / W）	灯具类型	光效系数范围（lm / W）
白炽灯	8~12	卤钨灯	15~25
荧光灯	50~80	汞灯	35~60
金属卤化物灯	70~98	高压钠灯	100~140
低压钠灯	130~190		

作业域的照度为100~200 lx，对视觉有一定要求的作业域照度为200~500 lx，中等视觉要求的作业域照度为300~750 lx（表2-17）。

表2-17 各种不同作业域的照度范围

照度范围（lx）	作业域和活动类型
3-5-10	室外交通区
10-15-20	室外工作区
15-20-30	室内交通区、一般观察区、巡视
30-50-75	粗作业
100-150-200	一般作业
200-300-500	一定视觉要求的作业
300-500-750	中等视觉要求的作业
500-750-1 000	相当费力的视觉要求的作业
750-1 000-1 500	很困难的视觉要求的作业
1 000-1 500-2 000	特殊视觉要求的作业
>2 000	非常精密的视觉要求的作业

当光源处于不同色温时所表现出来的色彩冷暖色调是不一样的。色温小于3 300 K时呈现出暖色调，色温为3 300~5 300 K时呈现出中间色调，色温大于5 300 K时呈现出冷色调。显示器就是通过调整色温来改变冷暖色调的（表2-18）。

表2-18 色表分析表

色表特征	色温（K）	使用场所
暖色调	<3 300	客房、卧室、病房、酒吧、餐厅
中间色调	3 300~5 300	办公室、教室、阅览室、诊室、检验室、仪表装配
冷色调	>5 300	热加工车间、高照度场所等

光源的显色性是一个非常重要的指标，显色指数用R表示，通常将日光或接近日光的人工光源作为标准光源，其显色指数一般用100表示，其他光源的显色指数都小于100（表2-19）。

表2-19　各类光源的显色指数

光源	显色指数（R）
白色荧光灯	65
日光色荧光灯	77
暖白色荧光灯	59
高显色荧光灯	92
汞灯	23
荧光汞灯	44
金属卤化物灯	65
高显色金属卤化物灯	92
高压钠灯	29
氙灯	94

在具体设计方案中，照度的平均水平是方案设计的重要因素之一。照度不能过高、过低，更不能变化得非常明显，保持相对均匀的照度平缓过渡，避免对眼睛造成不适。光线的照射方向应避免产生干扰的视觉阴影，影响作业效率或产生安全隐患等问题。

室内照明设计的基本原则：合理的照度平均水平；光线的方向和扩散要合理；不让光线直接照射眼睛；光源光色要合理；让照明和色相协调；不能忽视经济条件的制约（图2-30—图2-32）。

在室内空间设计中应尽量限制和避免眩光，主要措施是减少光源亮度、调节光源位置和角度，提高眩光光源周围的亮度，改变反射面特性（图2-33）。

在室内空间设计中，人工照明按照灯光的照射目的可分为一般照明、局部照明和混合照明；按光的分布和照明效果可分为直接照明、半直接照明、半间接照明、间接照明、扩散照明等。

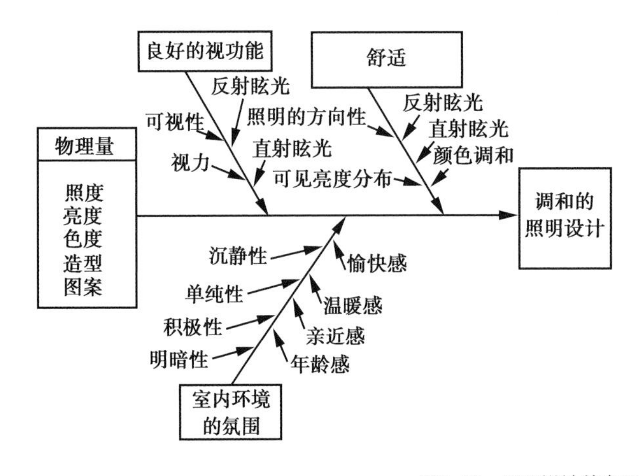

图2-30　照明设计的参照

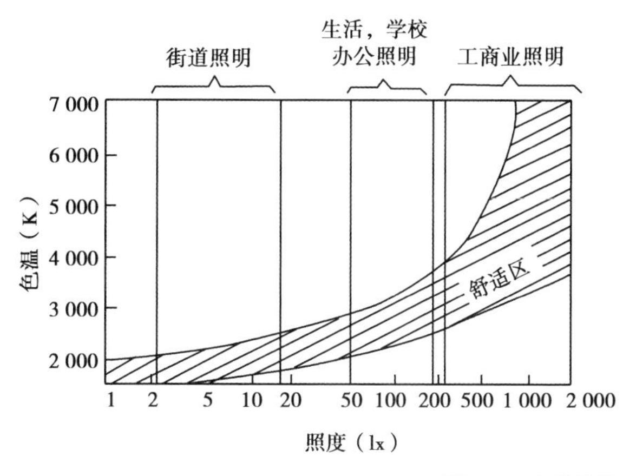

图2-31 色温推荐

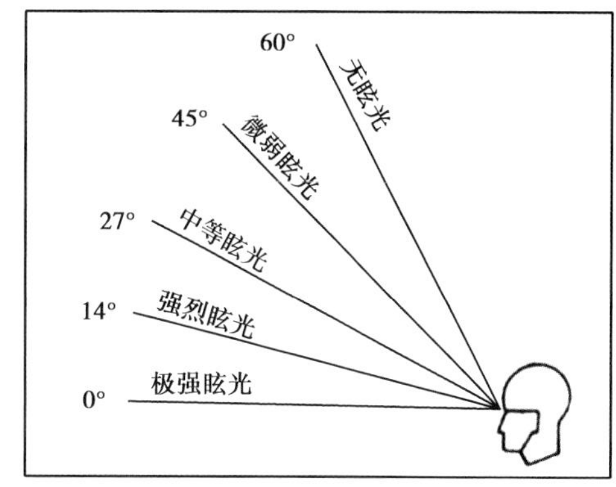

图2-32 眩光角度分析

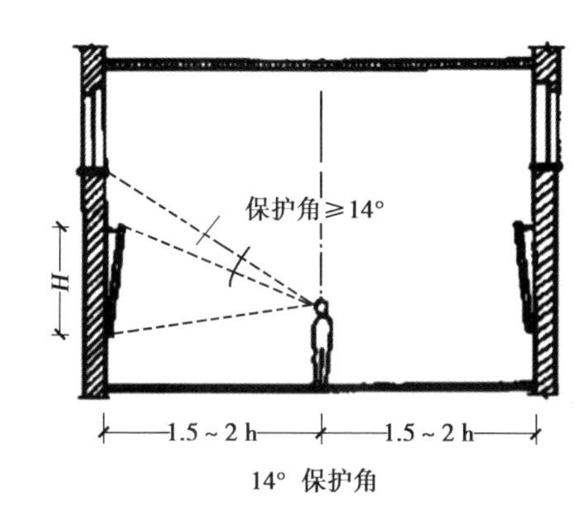

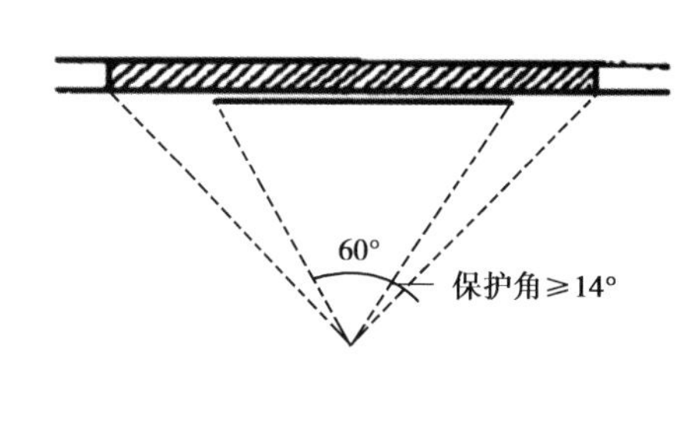

图2-33 内空间的避免眩光的照明

（1）一般照明

一般照明是指不考虑局部的特殊需要，为照亮整个室内而采用的照明方式。一般照明由对称排列在顶棚上的若干照明灯具组成，室内可获得较好的亮度分布和照度均匀度，所采用的光源功率较大，且有较高的照明效率。这种照明方式耗电大，布灯形式较呆板。一般照明方式适用于无固定工作区或工作区分布密度较大的房间，以及照度要求不高但又不会导致出现不能适应的眩光和不利光向的场所，如办公室、教室等。均匀布灯的一般照明，其灯具距离与高度的比值不宜超过所选用灯具的最大允许值，且边缘灯具与墙的距离不宜大于灯间距离的1 / 2，可参考有关的照明标准设置。为提高特定工作区照度，常采用分区一般照明。根据室内工作区布置的情况，将照明灯具集中或分区集中设置在工作区的上方，以保证工作区的照度，并将非工作区的照度适当降低为工作区的1 / 5~1 / 3。分区一般照明不仅可以改善照明质量，获得较好的光环境，而且节约能源。分区一般照明适用于某一部分或几部分需要有较高照度的室内工作区，并且工作区是相对稳定的，如旅馆大门厅的总服务台、客房，图书馆的书库等。

（2）局部照明

局部照明是指为满足室内某些部位的特殊需要，在一定范围内设置照明灯具的照明方式。通常将照明灯具装在靠近工作面的上方。局部照明方式在局部范围内以较小的光源功率获得较高的照度，同时也易于调整和改变光的方向。局部照明方式常用于以下场合：局部需要有较高照度的；由于遮挡而使一般照明照射不到某些范围的；需要减少工作区内反射眩光的；为加强某方向光照以增强建筑物质感的。但在长时间持续工作的工作面上仅有局部照明容易引起视觉疲劳。

（3）混合照明

混合照明是指由一般照明和局部照明组成的照明方式。混合照明是在一定的工作区内由一般照明和局部照明的配合起作用，保证应有的视觉工作条件。良好的混合照明可以增加工作区的照度，减少工作面上的阴影和光斑，在垂直面和倾斜面上获得较高的照度，减少照明设施总功率，节约能源。混合照明方式的缺点是视野内亮度分布不均。

为了减少光环境中的不舒适程度，混合照明中一般照明的照度应占该等级混合照明总照度的5%~10%，且不宜低于20 lx。混合照明方式适用于有固定的工作区，照度要求较高且需要有一定可变光方向照明的房间，如医院的妇科检查室、牙科治疗室、缝纫车间等（表2-20、图2-34、图2-35）。

表2-20 照明方式分析表

照明分类	直接-间接照明	漫射型照明	半间接照明	间接照明	半直接照明	直接照明
光线方向	发光体的光线一半向上、一半向下，平均分布照射	发光体的光线向四周呈360°的扩散漫射至需要光源的平面	发光体需经过其他介质，让大多数光线反射于需要光源的平面	发光体需经过其他介质，让光反射于需要光源的平面	发光体未经过其他介质，让大多数光线直接照射于需要光源的平面	发光体的光线未透过其他介质，直接照射于需要光源的平面
上照光线	50%	40%~60%	60%~90%	90%以上	10%~40%	0~10%
下照光线	50%	40%~60%	10%~40%	0~10%	60%~90%	90%以上

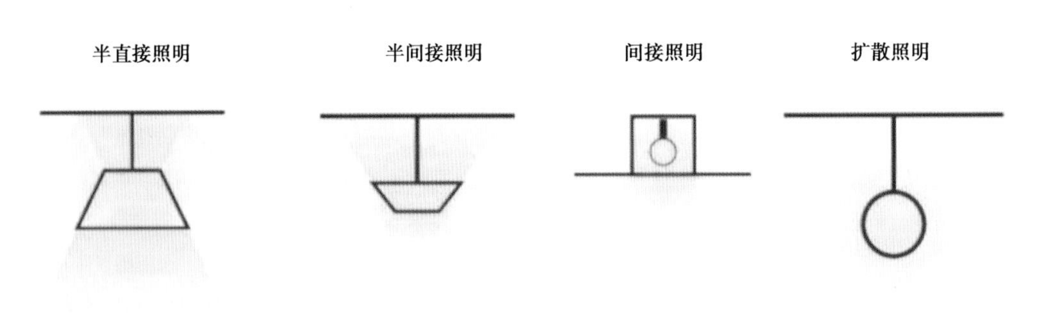

图2-34 不同照明方式的光源特点

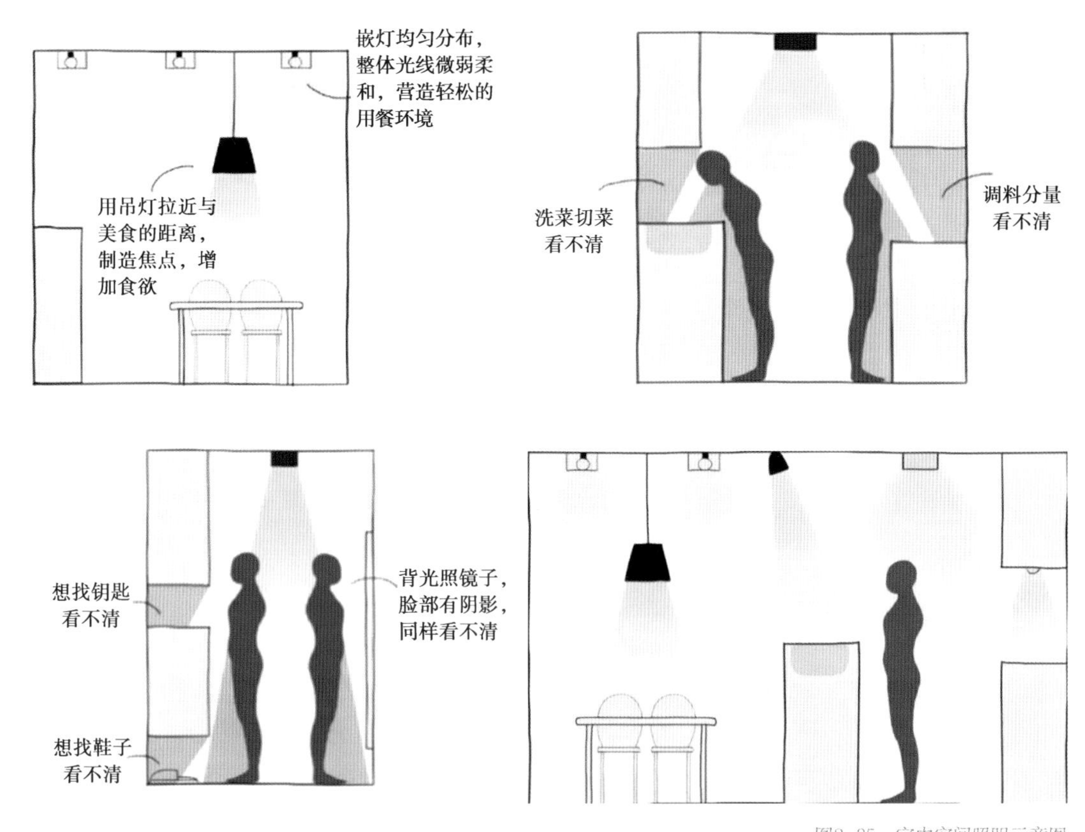

图2-35 室内空间照明示意图

卫生间的照明方式可根据使用要求的不同进行变化，夜间使用时为避免光线过于刺眼，可采用间接照明的方式，直接照明的方式便于检查自己的健康状况。

我们可以尝试用照明方式思考节能的问题，在节能方面主要是空调与照明，这两大类别效果最为明显。自然光线的利用是较为常见的节能方式，利用自然光让其与人工光源合理地协调，使室内形成良好的照明环境，简单的方法就是使用昼光感应器。除此之外，光导管和太阳光采光系统的照明系统，也都可以起到节能的功效。

光导管技术利用镜面的管状构造导引自然光进行照明。采光部位会让光线通过高反光的镜子所构成的导管，让自然光进入场所。光导管所通过的位置与建筑构造有密切的关系，需要在设计初期就有所考虑（图2-36—图2-38）。

太阳光采光系统是在屋顶装设“向日葵”的透镜群体，用光导纤维将光传送到室内。与光导管相比费用较为昂贵，且需要定期维修（图2-39）。

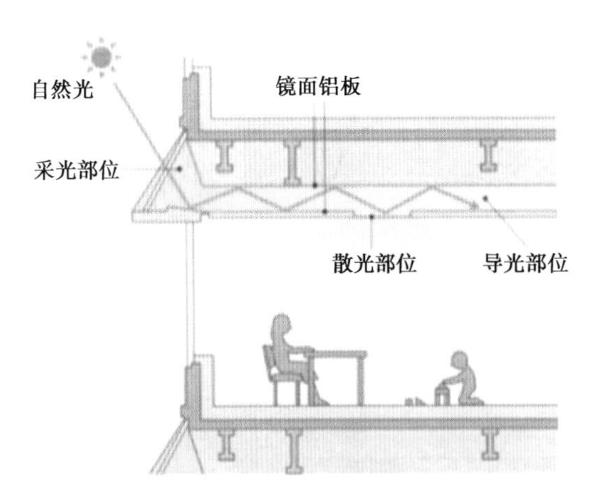

图2-36 横向光导管照明示意图

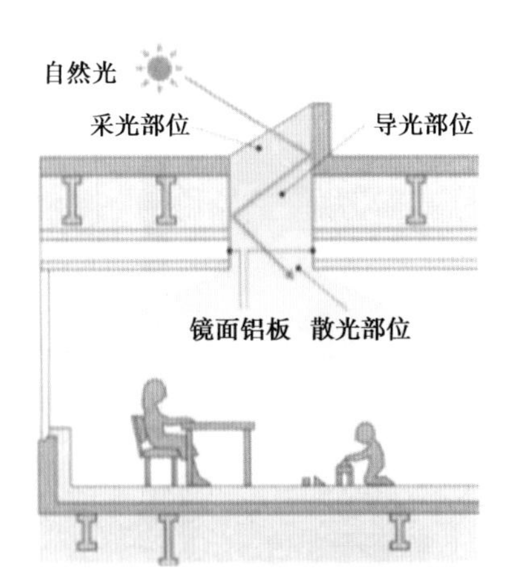

图2-37 纵向光导管照明示意图

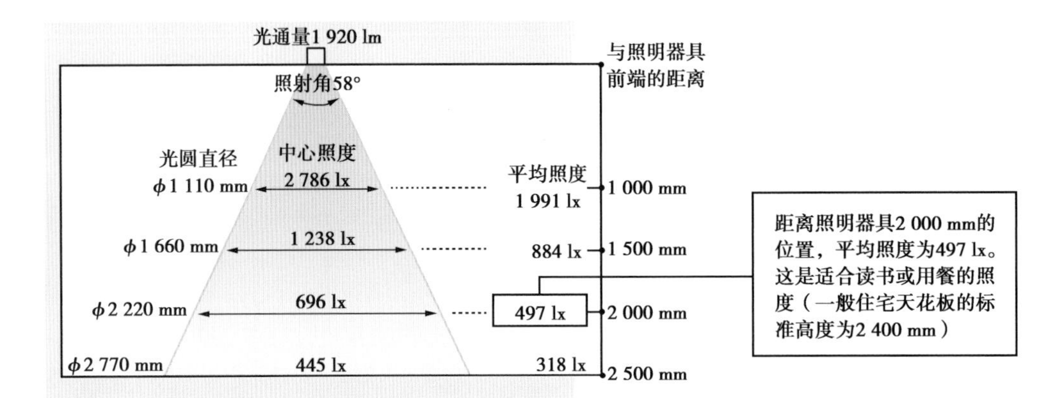

图2-38 光导管技术照明分析图

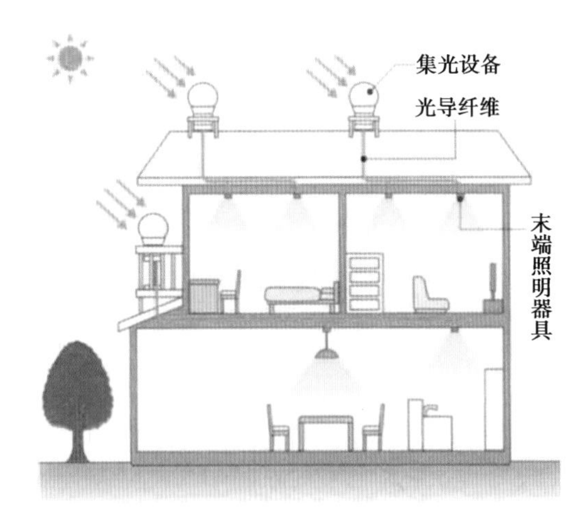

图2-39 太阳光采光系统

第二单元
人机工程学在设计中的应用

课　　时： 16课时

单元知识点： 本单元主要讲述人机工程学在设计中的应用，培养学生理论联系实践的应用转换能力；重视人机的知识与设计的亲密关系，培养学生的学习兴趣；结合所学专业的相关内容，开展记录研究的活动。

第三课　空间设计应用

课时：10课时

要点：根据人机工程学中的有关计测数据，从人的尺度、动作域、心理空间及人际交往所需空间等问题，确定空间舒适、合理、有效的范围，设计符合人的需求的空间，做出更合理的方案设计。

人机工程学在空间设计中的应用，应从心理、生理、物理等方面考虑更加符合空间活动的需求，运用人机工程学可以使空间设计的使用功能得到充分利用和提高舒适度。

人机的主要作用表现为以下几个方面：提供室内空间尺度的依据；提供各类家具、设施的尺度，以及组合形式的依据；提供无障碍设计的依据；提供室内物理环境的最佳参数；空间行为组织提供科学依据；通过设计类的生活空间设计，了解人体尺寸在空间设计中的应用表现。

人们在使用室内空间的家具和设施时，周围必须留有活动和使用的最小余地，这些都需要根据人机工程科学地予以设计。室内空间越小，停留时间越长，对这方面内容测试的要求也越高，如汽车驾驶室、船舱、机舱等交通工具内部空间的设计。

室内空间设计对人的行为、舒适感、心理满足感等有很大的影响。如城市、社区、办公室、居住环境、餐饮空间、商业空间、车站、操控台、驾驶室等综合环境中，其布局和安排都是以人为中心，人与空间、人与设施、人与环境的关系是设计中重要的作业空间，如何满足人对空间的要求，需要注意以下几点：满足最大使用者的间隙要求；满足较小使用者的要求；满足维修人员的特殊需求；满足可调节性的需求。

室内作业空间的设计遵循以下原则：重要性原则、使用频率原则、功能分组原则、使用顺序原则。当然，以上这些原则在作业空间设计的实践活动中偶尔也会存在一定的矛盾，不是所有的原则都能同时满足。每条原则不是唯一固定的，需要根据具体的问题进行分析，灵活使用，统一考虑。室内作业空间的设计步骤可分为前期的调研—设计方案—模型验证—反复修改—总结。

1.居住空间的设计与人体尺寸的应用

居住空间设计中人机的因素分析，主要从尺度、形态、功能、色彩等方面，理解生活空间设计与人机工程学的关系，得出设计中人机工程学应用的局限性，探求设计中人机工程学应用的设计原则。

人们对空间的认识经历了漫长的过程，从原始的穴居到简陋居再到现代完善智能化的居住空间，是人们对空间认识的结果。有序的组织空间是人类生活所需的物质产品（图3-1—图3-4）。

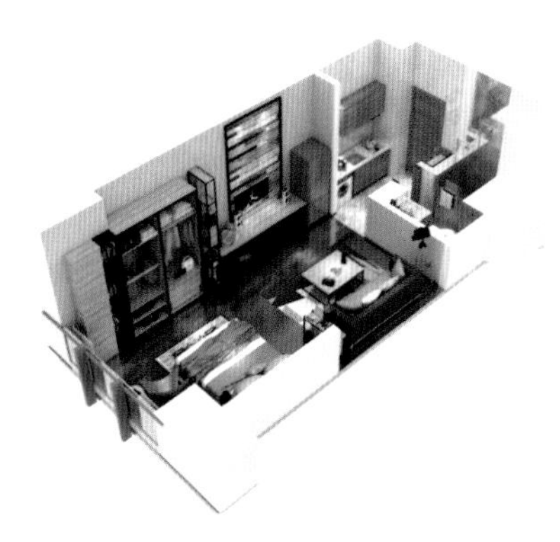

图3-1　居住空间

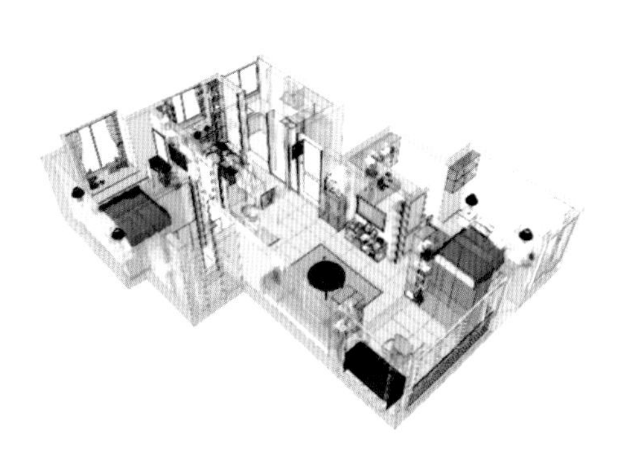

图3-2　SU居住空间模型

图3-3　建筑中庭

图3-4　建筑外表皮

1）客厅处理要点

客厅是人们主要的活动场所，平面布置要以会客和娱乐为主，功能区的划分与通道应避免干扰（图3-5）。

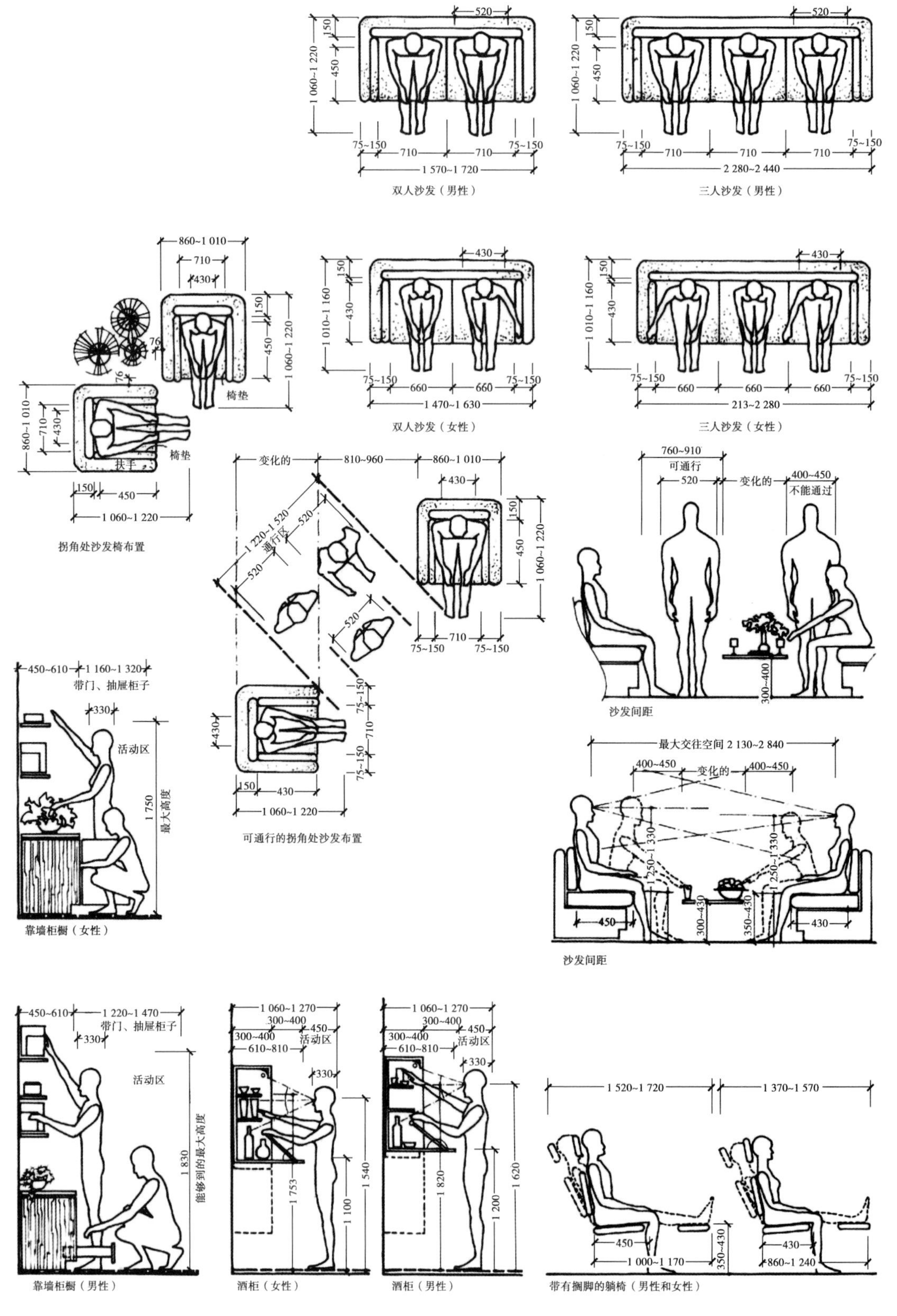

图3-5　客厅常用尺寸示例图（单位：mm）

2）卧室处理要点

卧室的功能布局应包括睡眠、贮藏、梳妆及阅读等部分，平面布局以床为中心，睡眠区域相对较安静。要求具有良好的封闭性和隐秘性，不宜直接照明，采用折射光照明较好（图3-6）。

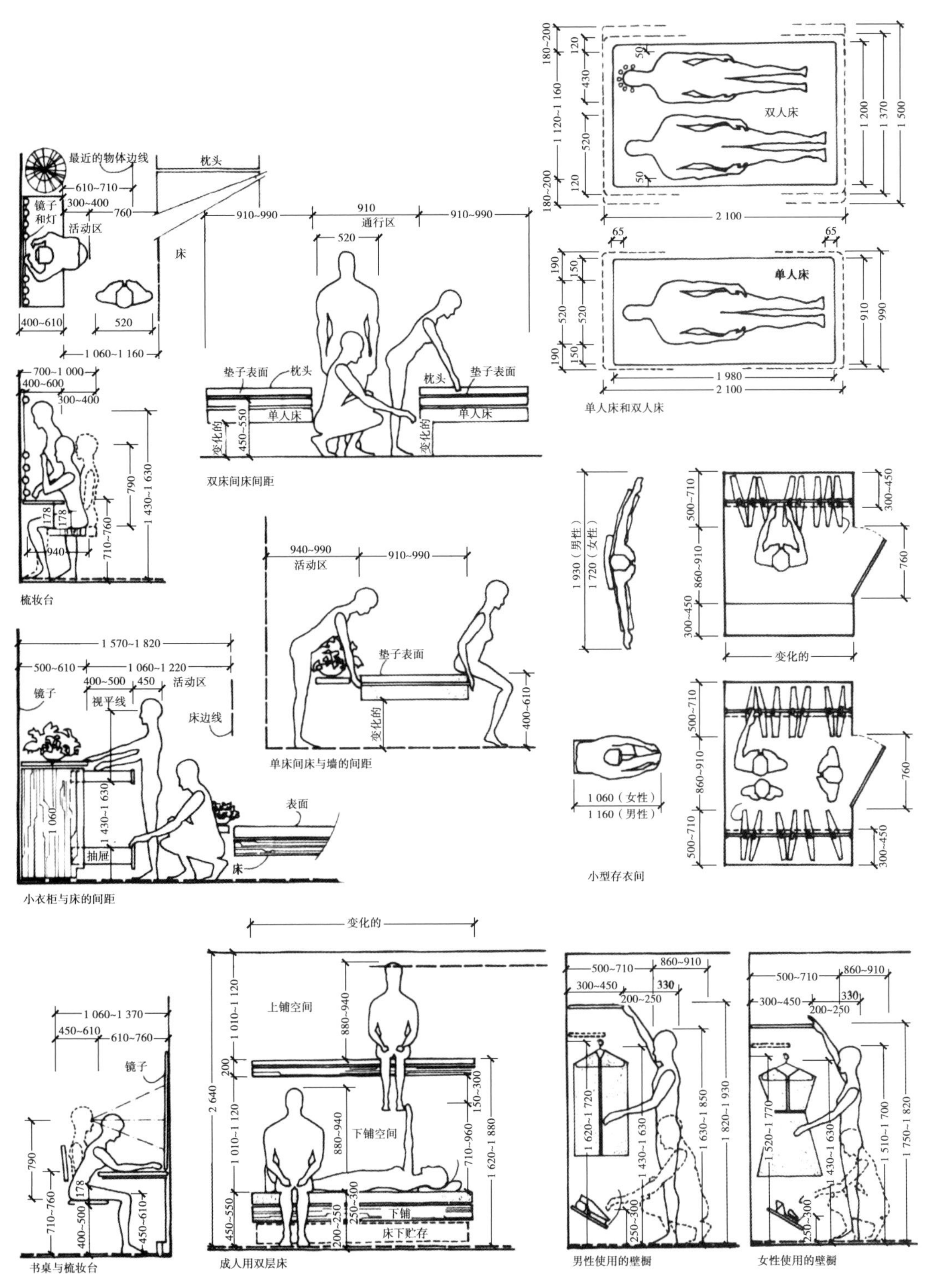

图3-6　卧室常用尺寸示例图（单位：mm）

3）厨房处理要点

厨房是家庭主妇日常生活使用最多的空间，应是装修设计的重点。厨房设备及家具的布置应按照烹饪操作顺序布置，方便操作，避免走动过多（图3-7、图3-8）。

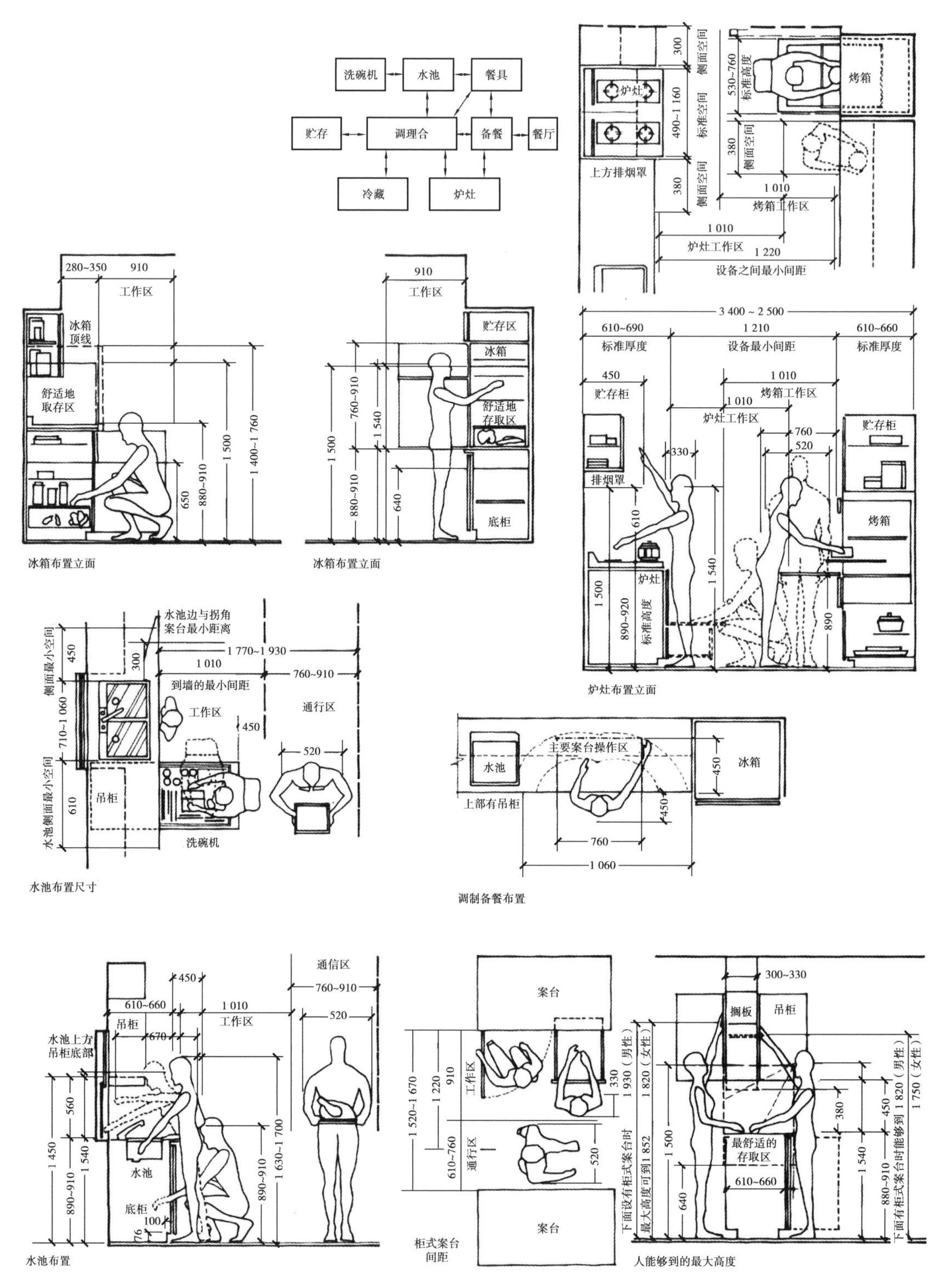

图3-7　厨房常用尺寸示例图（单位：mm）

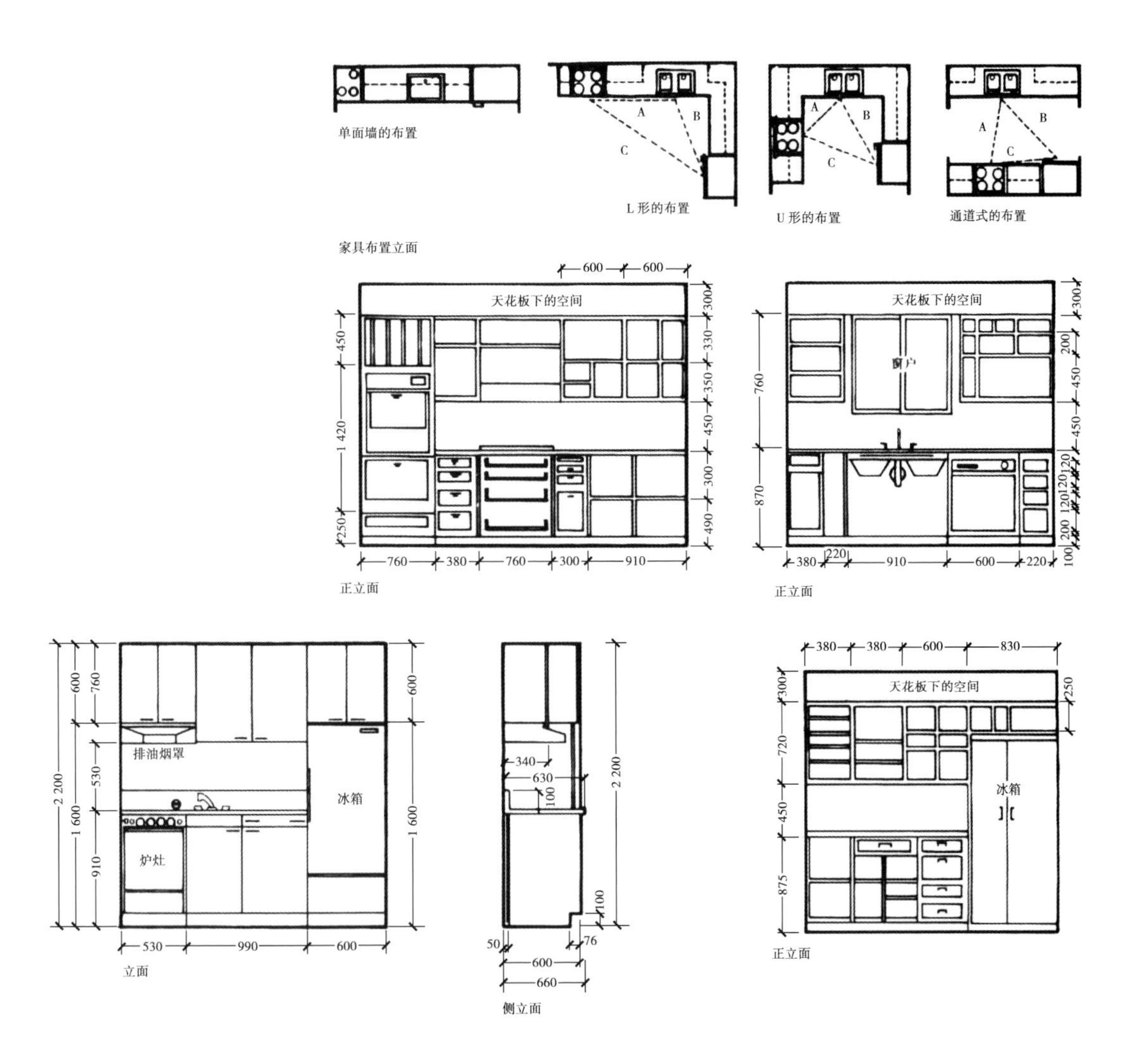

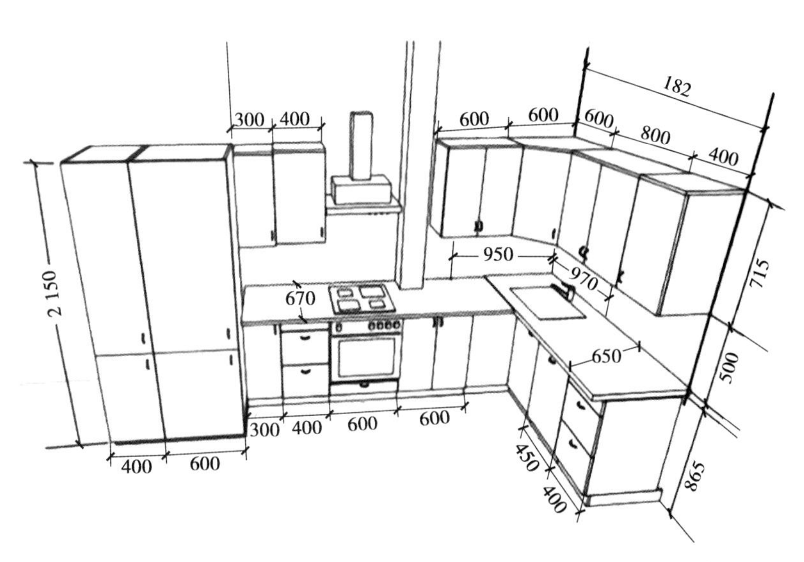

图3-8 厨房橱柜尺寸推荐（单位：mm）

厨房用品的使用者以女性居多，成年女性的平均身高低于男性100 mm，肩窄、四肢较短，设计者在进行厨房设计时应考虑这一点。例如，在设计橱柜时，对于男性使用者，搁板不宜超过1 600 mm，对于女性使用者，搁板不宜超过1 500 mm，门拉手的高度宜为900~1 000 mm。

另外，设计时要进一步分析消费者心理，关注人们的习惯性行为，使人们在做家务时能够感到轻松、愉快且具有安全感。

4）餐厅处理要点

餐厅可以单独设置，也可以设置在起居室和厨房的一隅。就餐区一定要考虑人的来往、服务等动线；餐厅内还应设置餐台、小车、储备餐具柜等设施（图3-9、图3-10）。

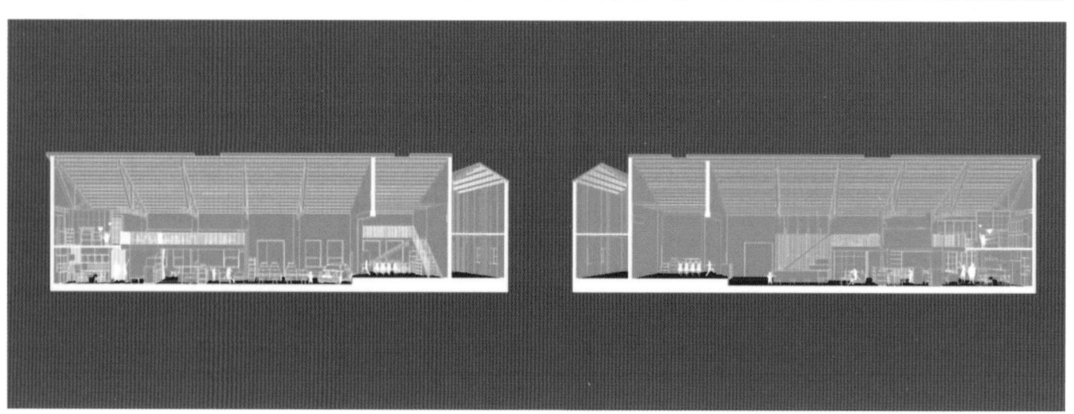

图3-9　餐厅设计案例

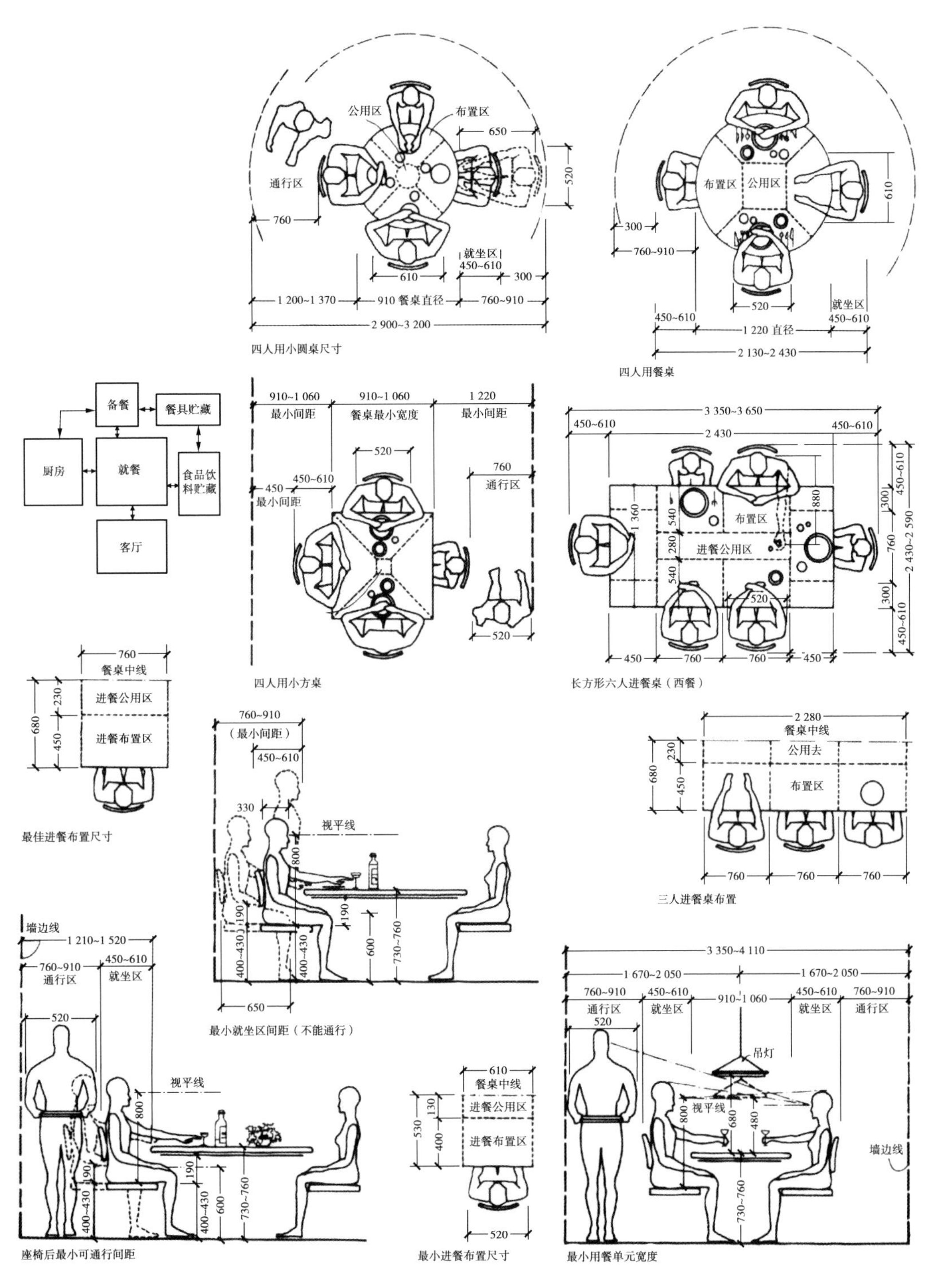

图3-10　餐厅常用尺寸示例图（单位：mm）

5）卫生间处理要点

卫生间用水最多，结构上要求有较强的封闭性，在设计上要考虑耐潮湿。卫生间洗浴与厕所条件满足时应尽量分开，如条件不满足应在布置上有明显的划分。可设置尺度适宜的扶手，便于老弱病残人士使用。洗脸梳妆应单独设置（图3-11—图3-15）。

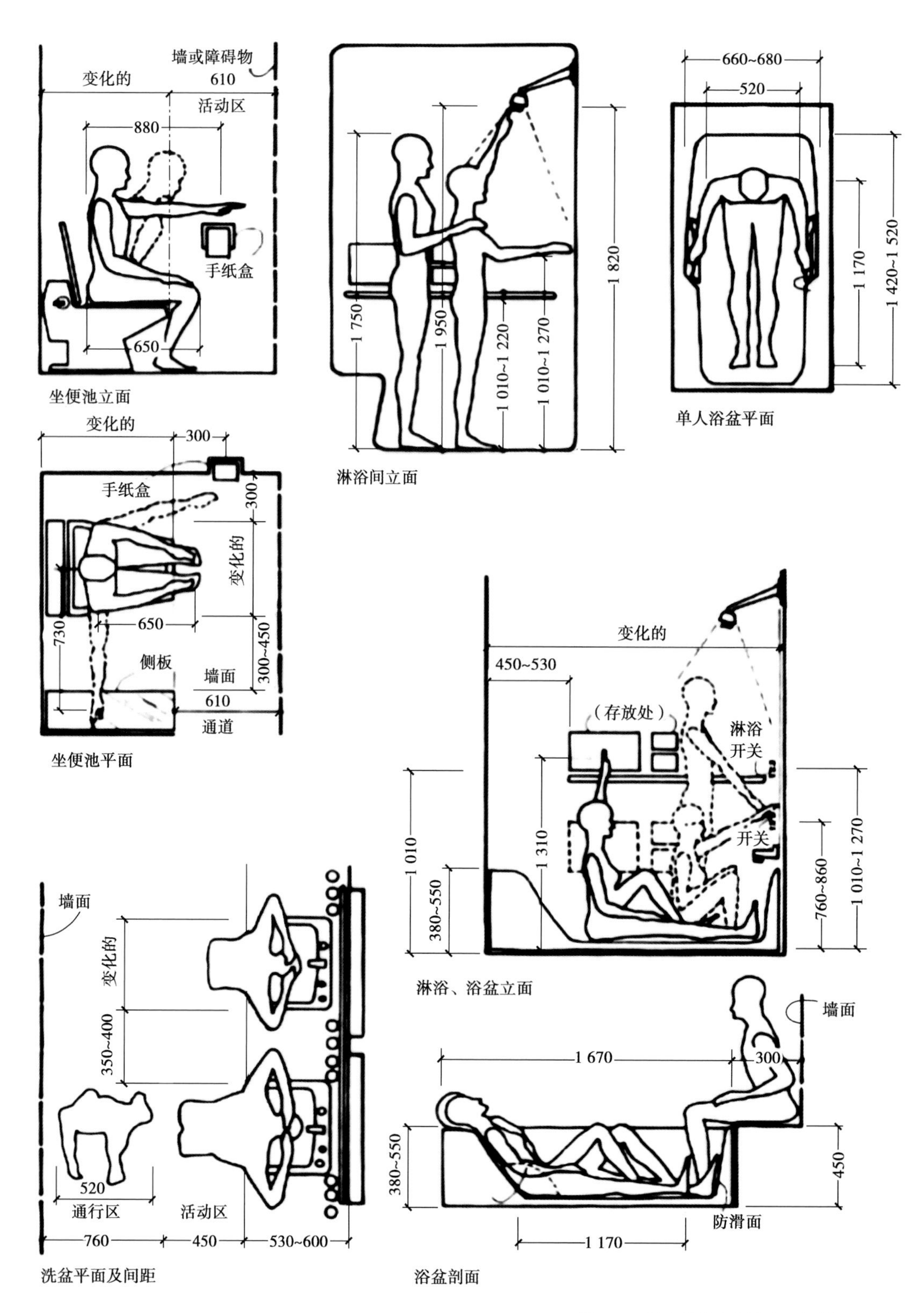

图3-11　卫生间尺寸分析图一（单位：mm）

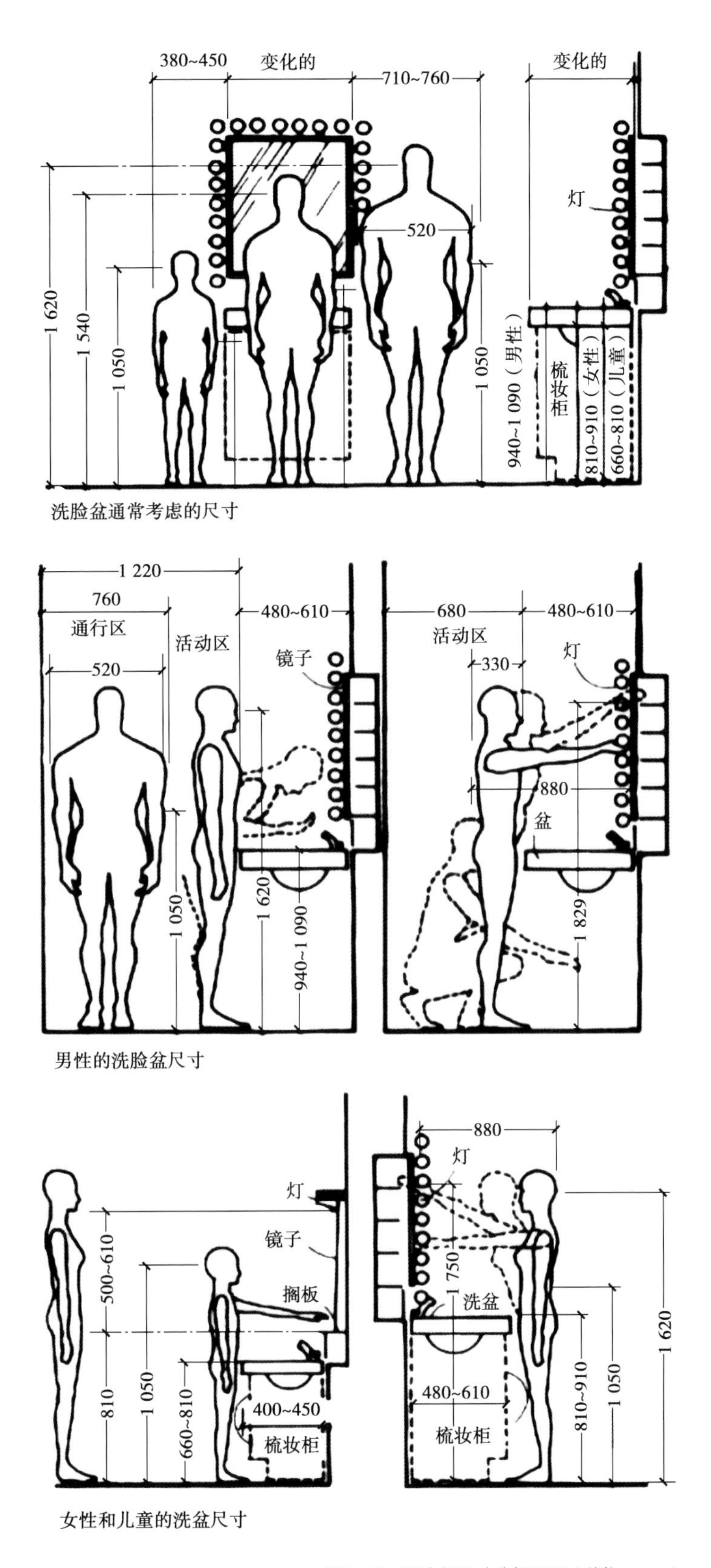

图3-12 卫生间尺寸分析图二（单位：mm）

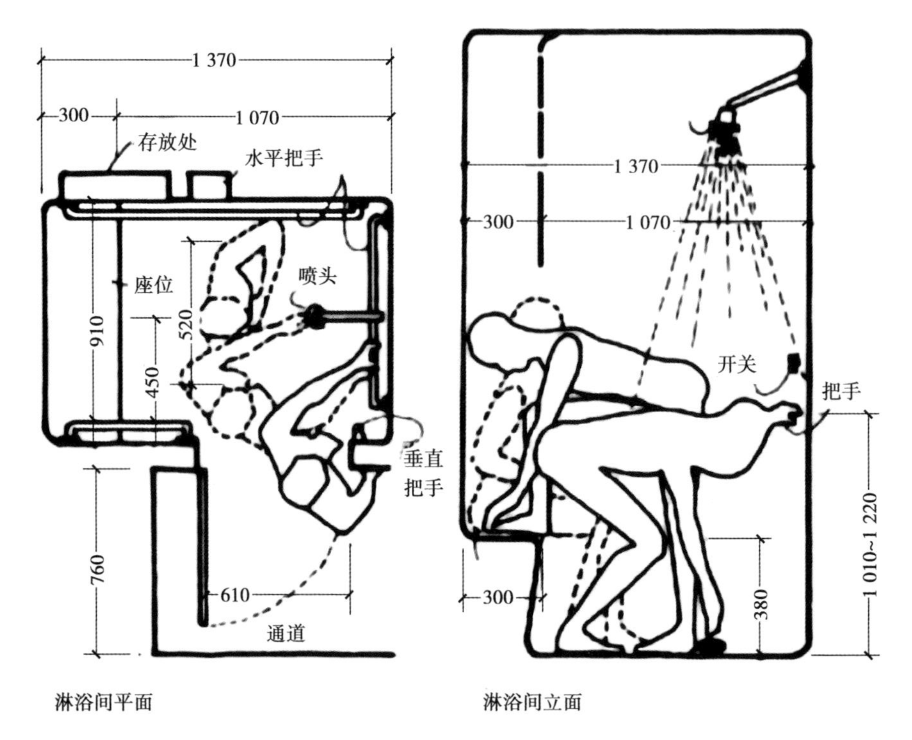

淋浴间平面　　　　淋浴间立面

图3-13　淋浴间动作分析（单位：mm）

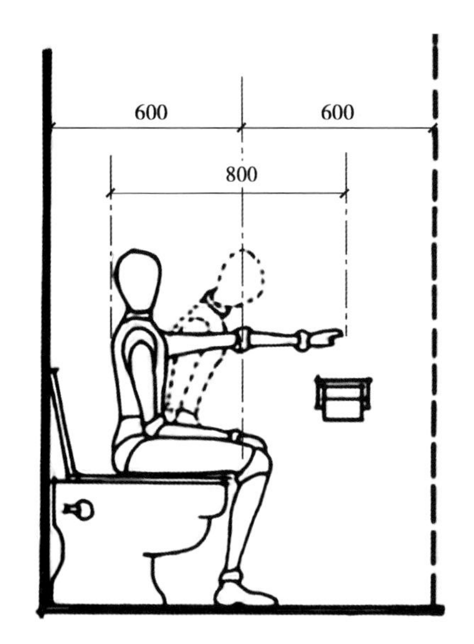

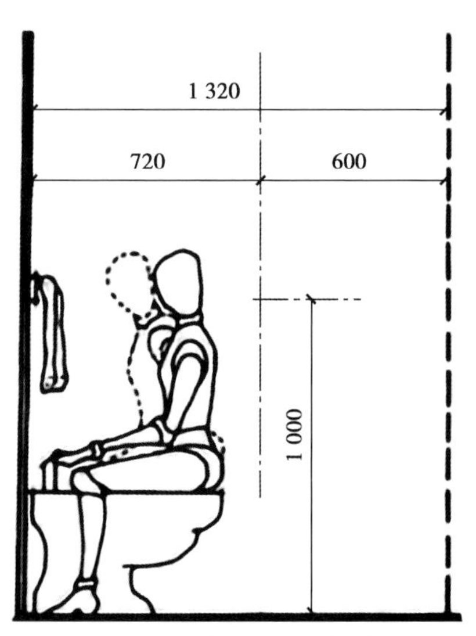

图3-14　卫生间动作分析（单位：mm）

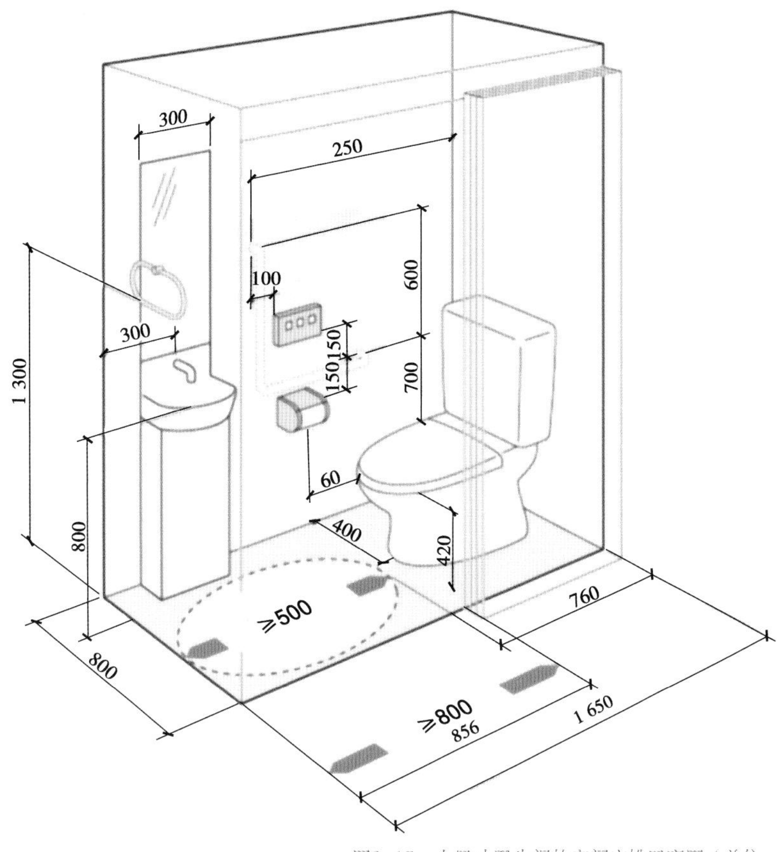

图3-15　小尺寸卫生间的空间安排示意图（单位：mm）

2.公共空间的设计与人体尺寸应用

公共空间设计的合理性对人的工作效率有直接影响。

1）办公空间处理要点

个人使用的办公空间比较固定，主要考虑各种功能的分区，既要分区合理，又要避免过多走动。多人使用的办公空间，在布置上应首先按照工作顺序安排每个人的位置及办公设备的位置，避免相互干扰。其次，室内的通道应布局合理，避免来回穿插及走动过多等问题发生（图3-16—图3-21）。

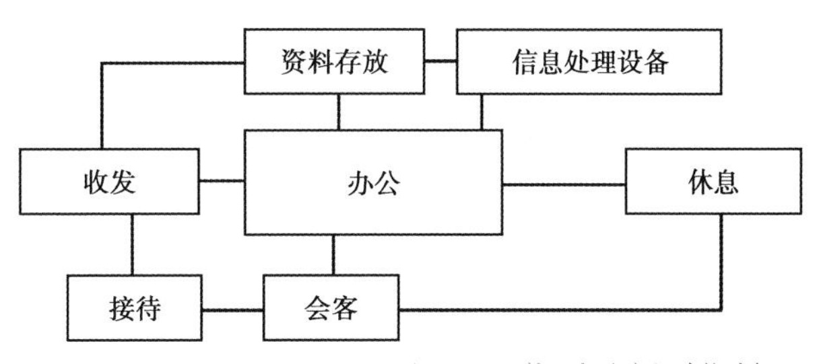

图3-16　普通办公空间功能分析图

(1) 经理办公室

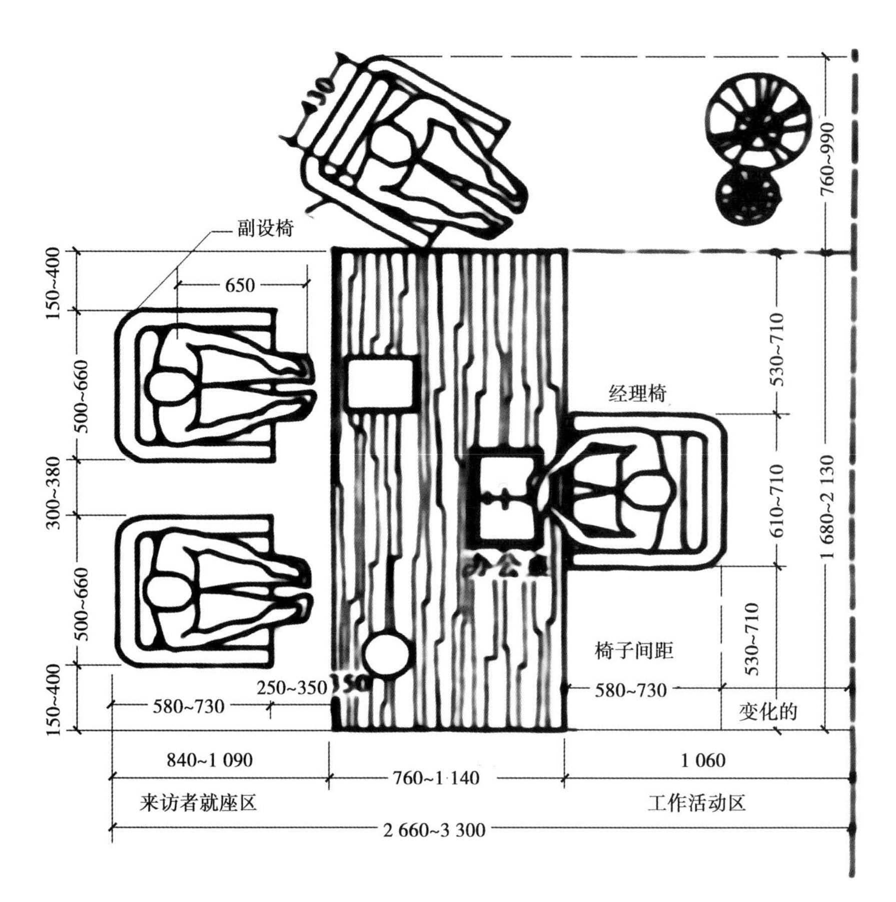

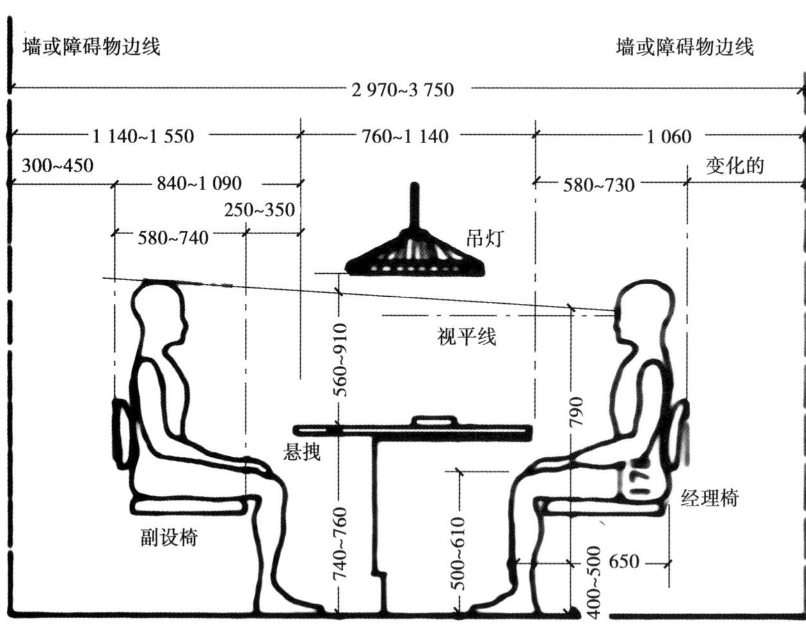

图3-17 经理办公桌布置（单位：mm）

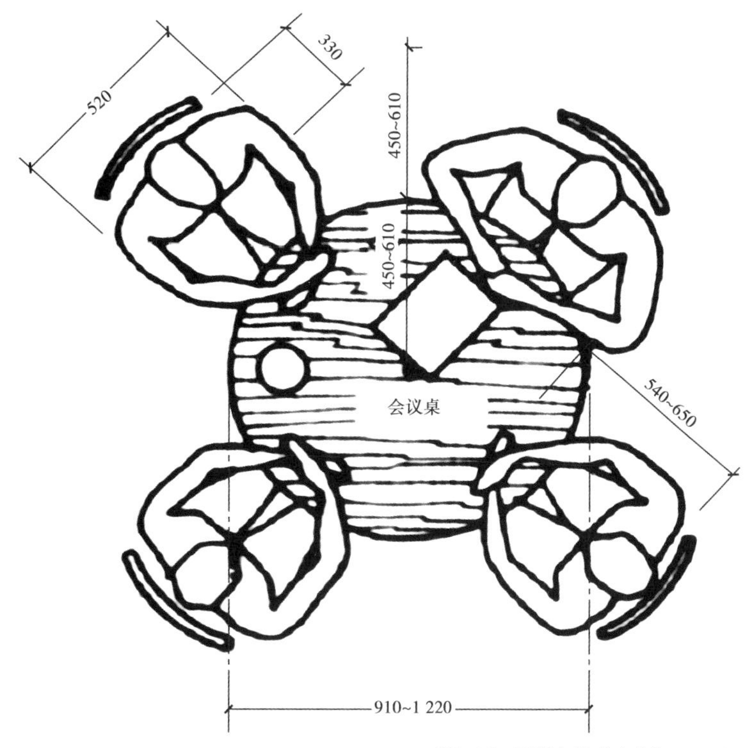

图3-18 圆形会议桌（单位：mm）

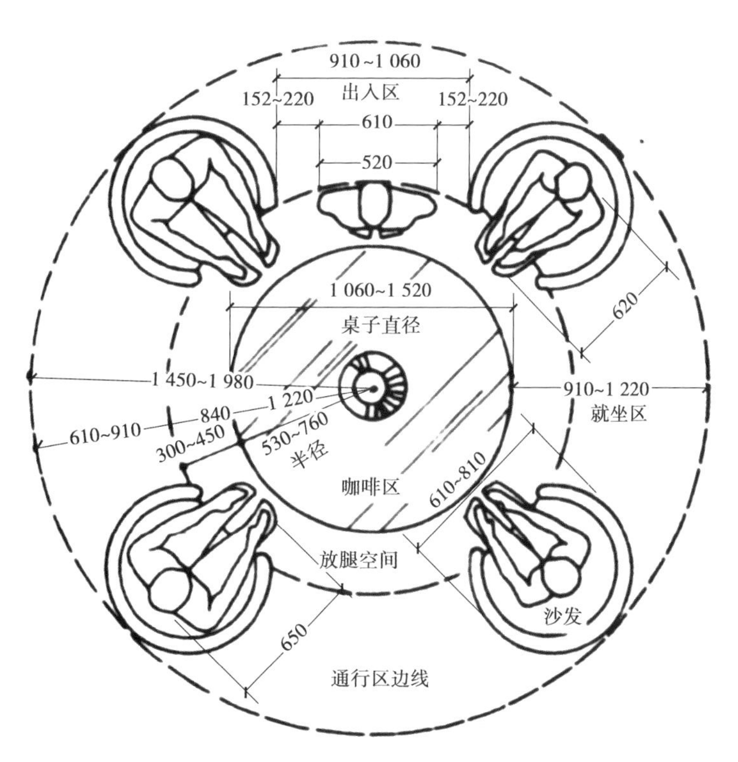

图3-19 休息娱乐圆桌（单位：mm）

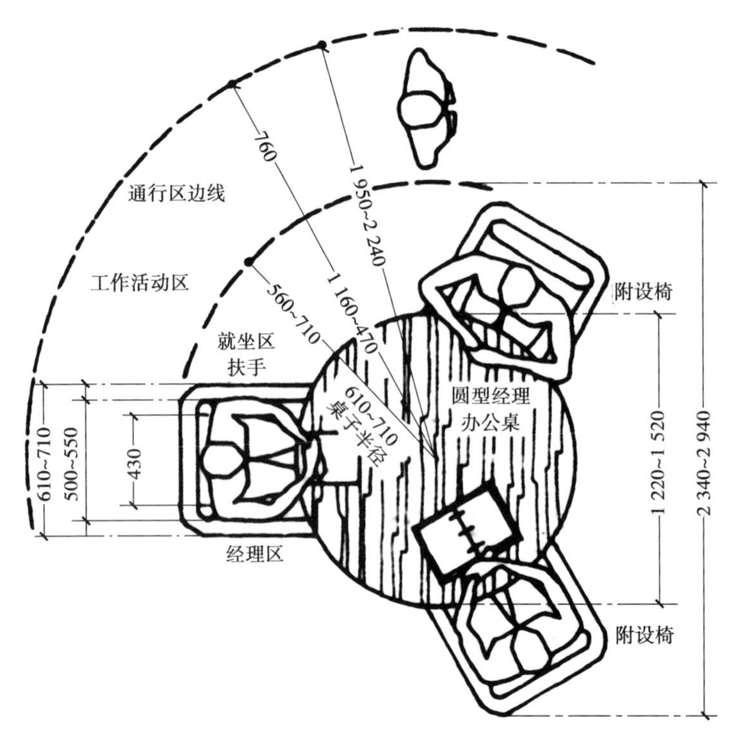

图3-20　圆形办公桌（单位：mm）

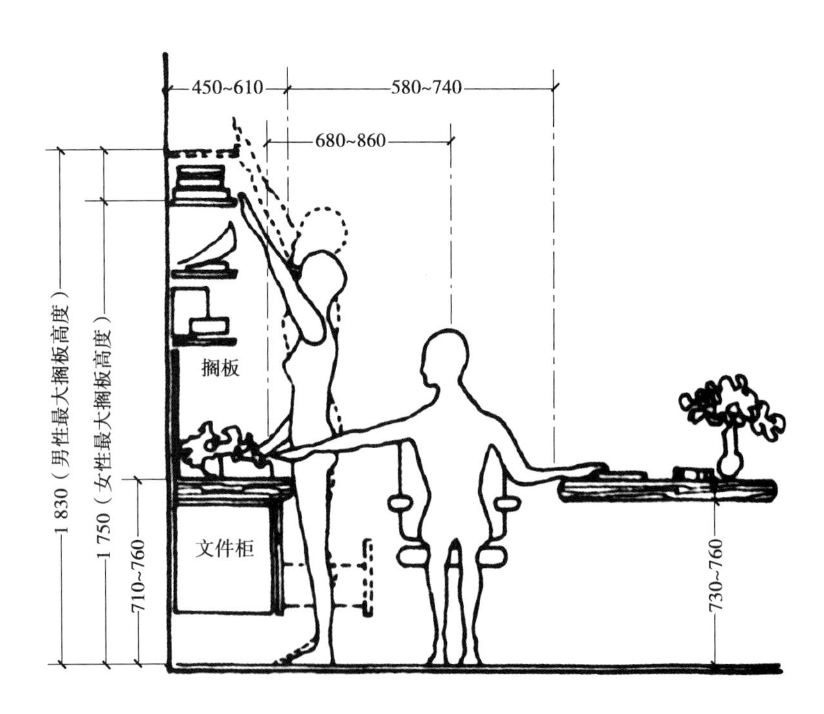

图3-21　经理办公桌文件柜布置（单位：mm）

（2）开放式办公室处理要点

开放式办公室的特点是灵活可变，由工业化生产的各种家具和屏风式隔断组成。处理的关键点是通道的布置，办公单元按照其功能关系进行分组（图3-22—图3-25）。

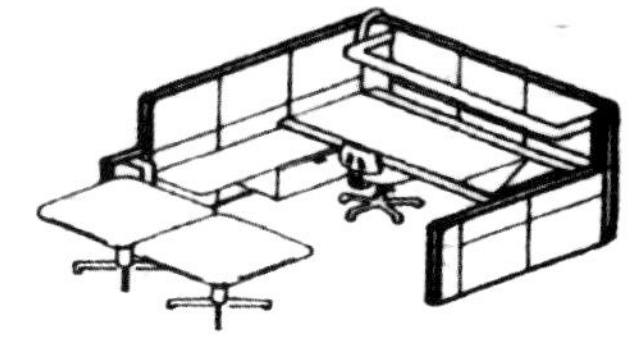

图3-22 办公单元构成形式举例

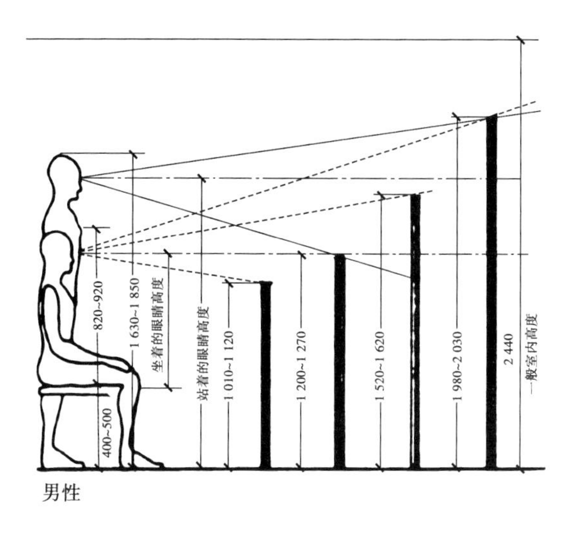

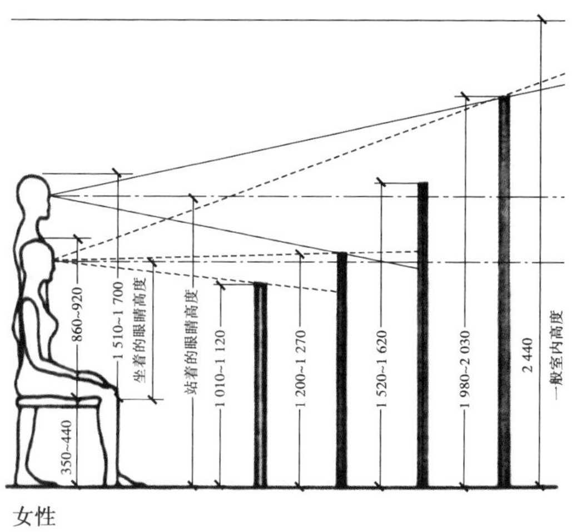

图3-23 屏风式隔断（单位：mm）

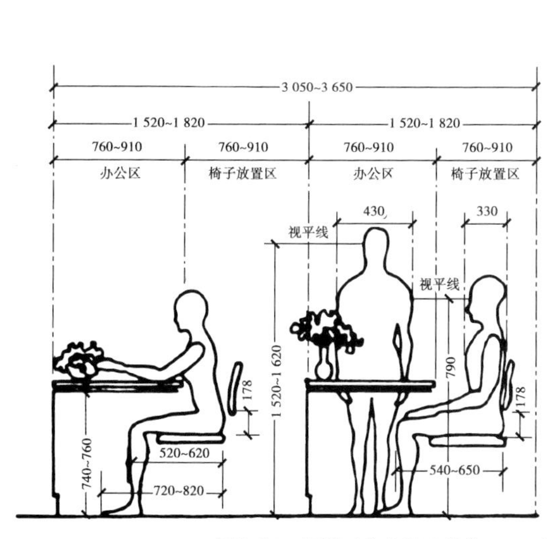

图3-24 相邻工作单元（单位：mm）

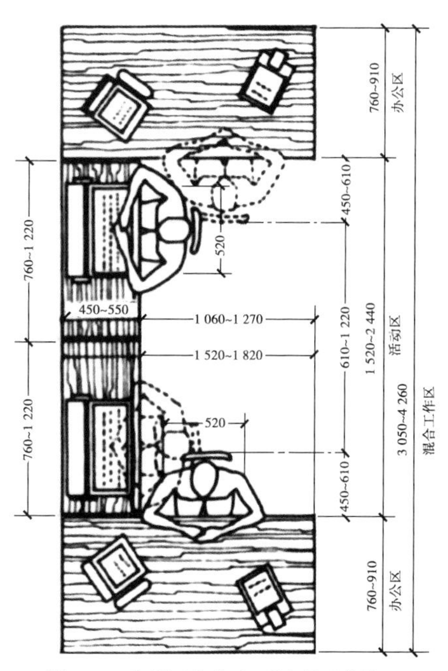

图3-25 相邻工作单元U形布置（单位：mm）

2）视听空间处理要点

视听空间的座位可分为能活动的和固定的两种。固定座位的设置应考虑视线问题，如果空间比较大，座位较多时，应按照防火规范设置适当的通道及出入口。视听室与操作控制室应拥有直接的联系通道，便于工作人员操作。大型试听空间，可根据需要设置小舞台或活动舞台，还可设计适当的休息室供演讲人员休息。确定从屏幕至第一排座位的距离，从屏幕顶端拉一条直线至观众的眼睛，这条线与视平线的角度不小于30°，不大于 35°（图3-26—图3-31）。

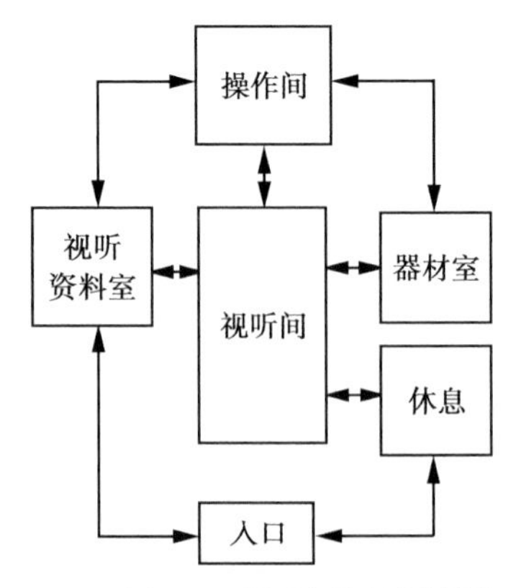

图3-26　视听空间功能分析图

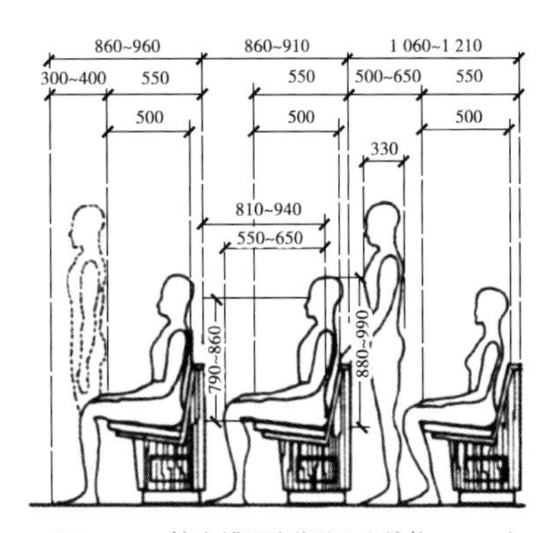

图3-27　基本排距侧视图（单位：mm）

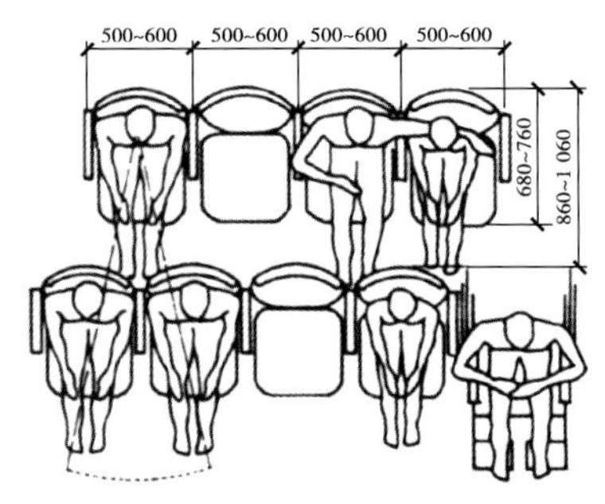

图3-28　座位错开排列平面（单位：mm）

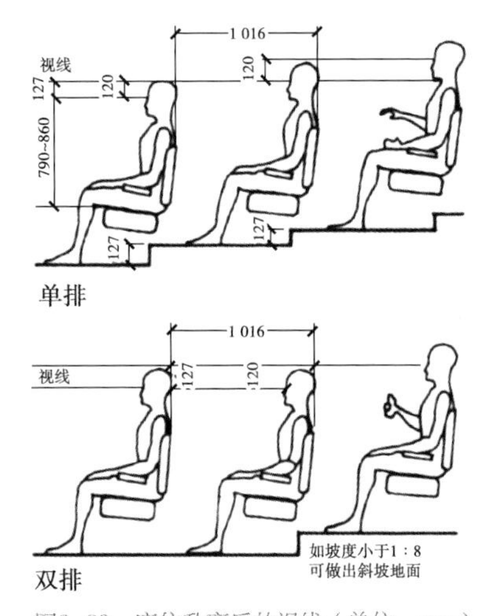

图3-29　座位升高后的视线（单位：mm）

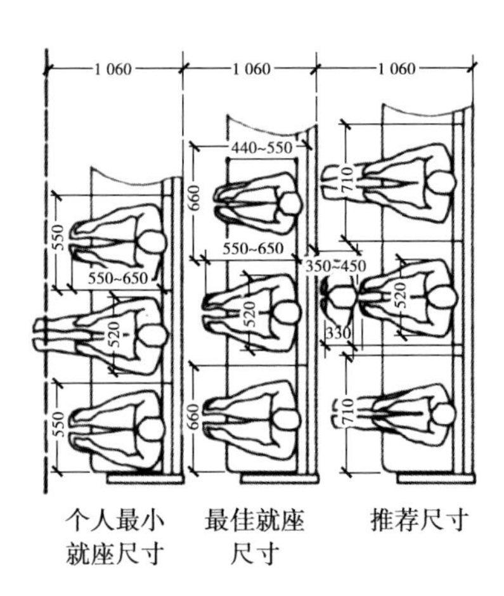

图3-30　座位尺寸（单位：mm）

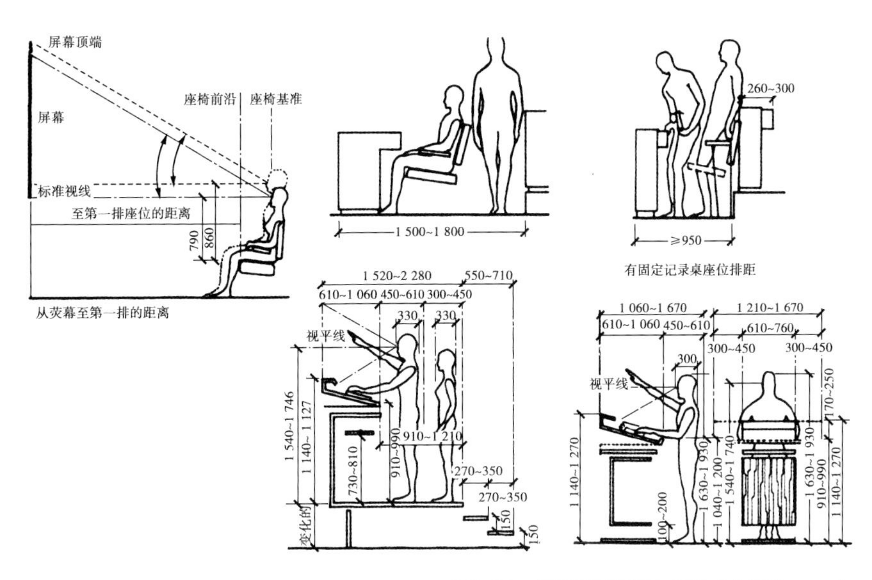

图3-31 视听空间常用人体尺寸（单位：mm）

3）展览陈列空间处理要点

展览陈列的主要功能是陈列和服务。参观路线的安排是展览布局的关键，根据不同的展览内容，需要做出适当的布置，如连续性强采用串联式，各个独立采用并行式（多线式）。陈列布局应满足参观路线的要求，避免迂回、交叉，合理安排休息的地方，要方便展品及工作人员进出（图3-32—图3-35）。

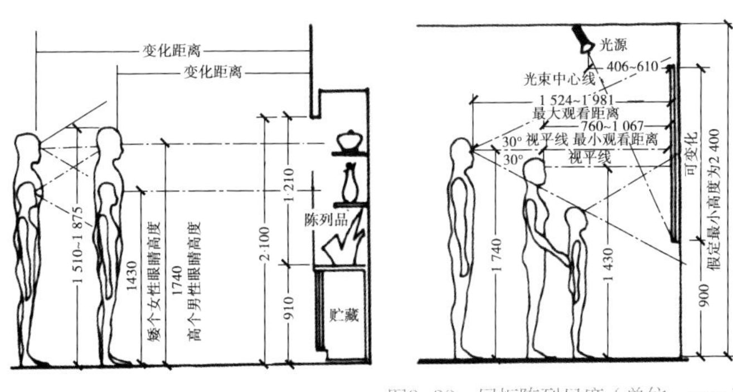

图3-32 展柜陈列尺度（单位：mm）

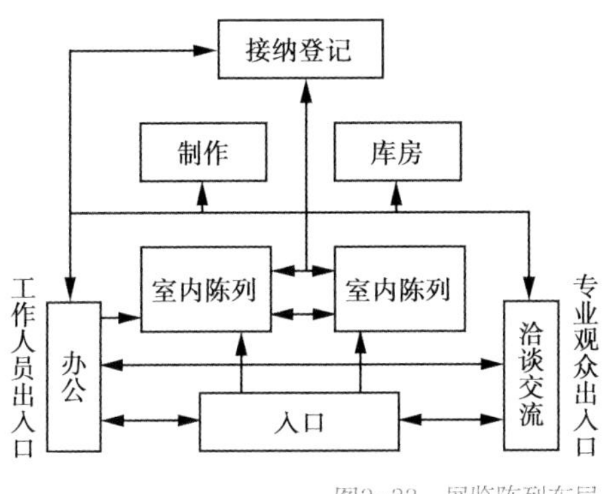

图3-33 展览陈列布局

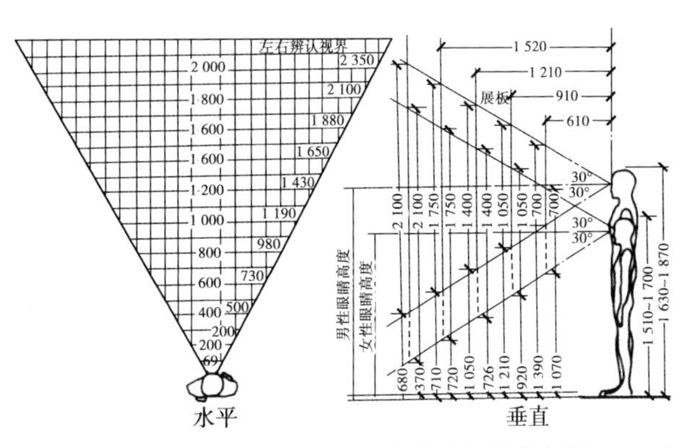

图3-34 展品陈列与视野关系（单位：mm）

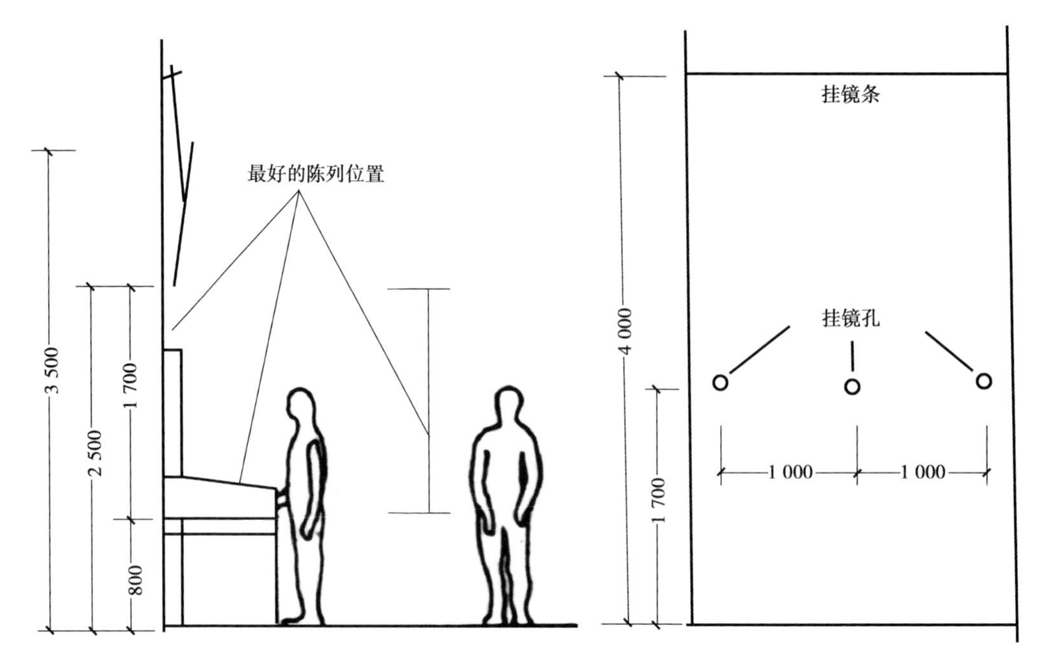

图3-35　陈列位置尺度（单位：mm）

4）其他功能空间设计

其他功能空间设计见图3-36—图3-47。

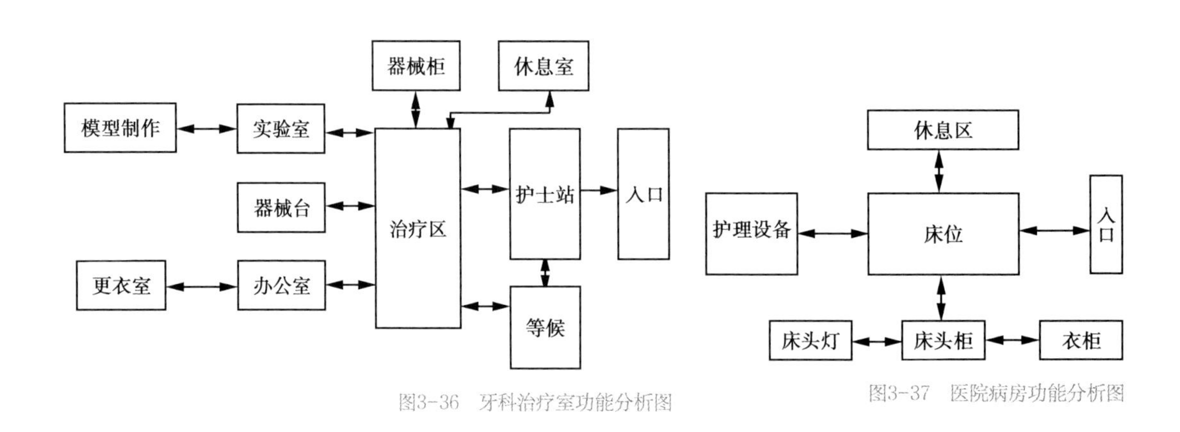

图3-36　牙科治疗室功能分析图

图3-37　医院病房功能分析图

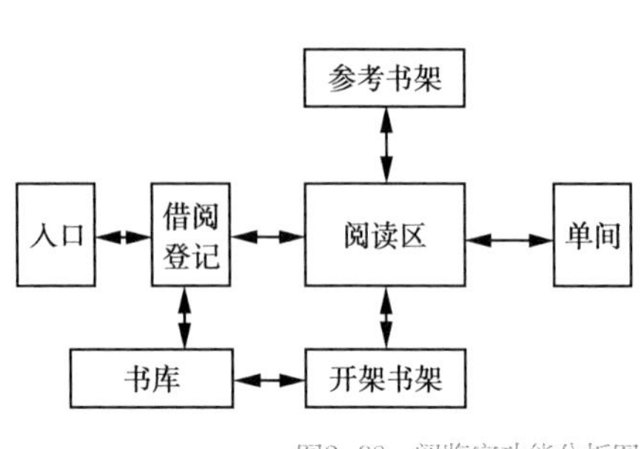

图3-38　阅览室功能分析图

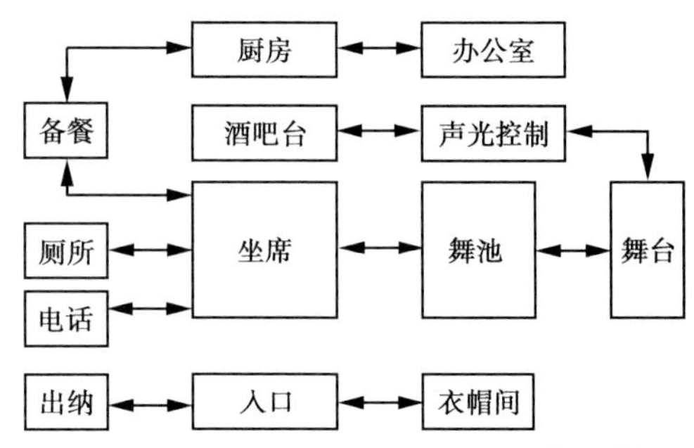

图3-39　舞厅分析图

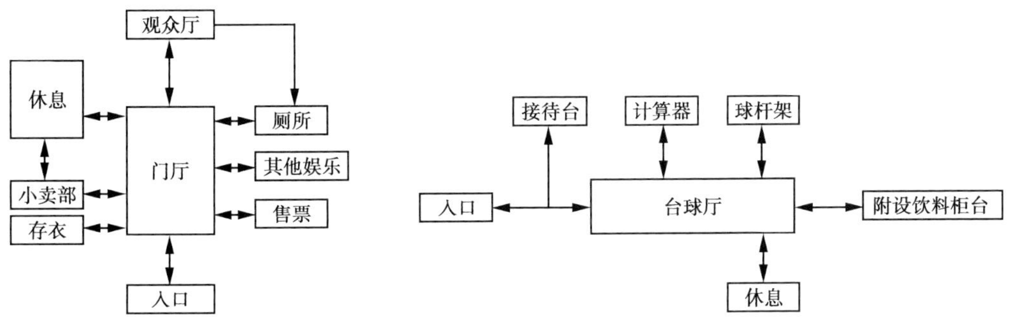

图3-40 影剧院门厅功能分析图

图3-41 台球厅功能分析图

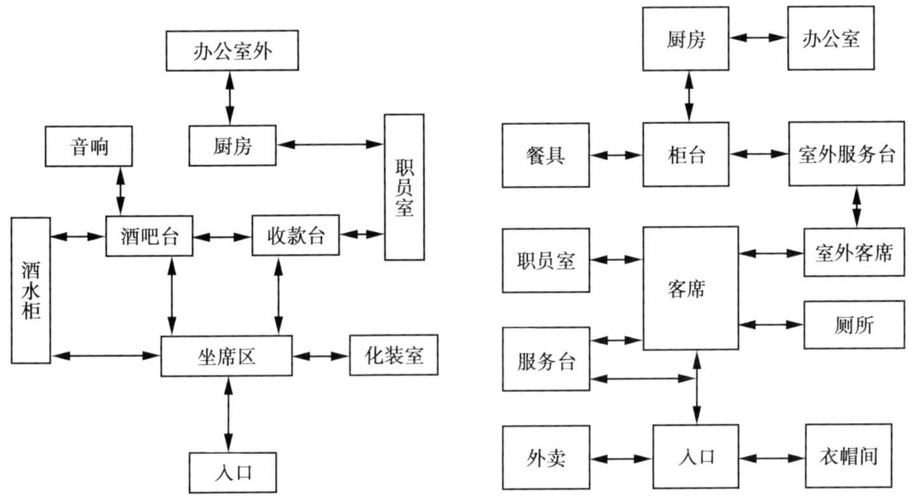

图3-42 酒吧间功能分析图

图3-43 咖啡厅功能分析图

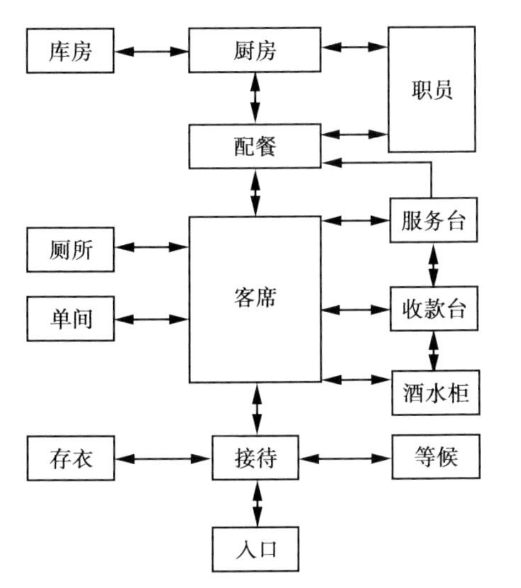

图3-44 餐厅功能分析图

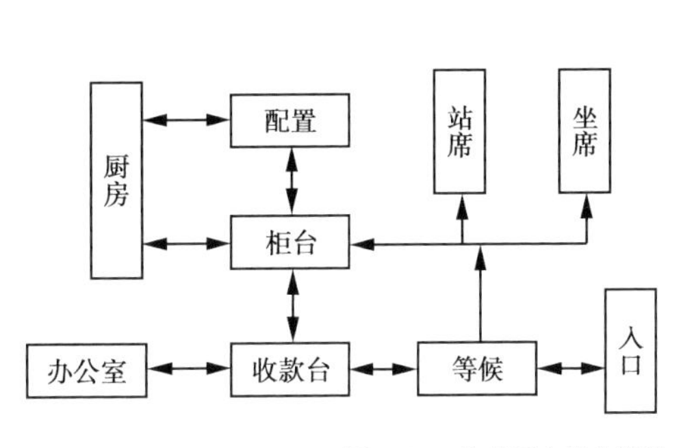

图3-45 快餐厅功能分析图

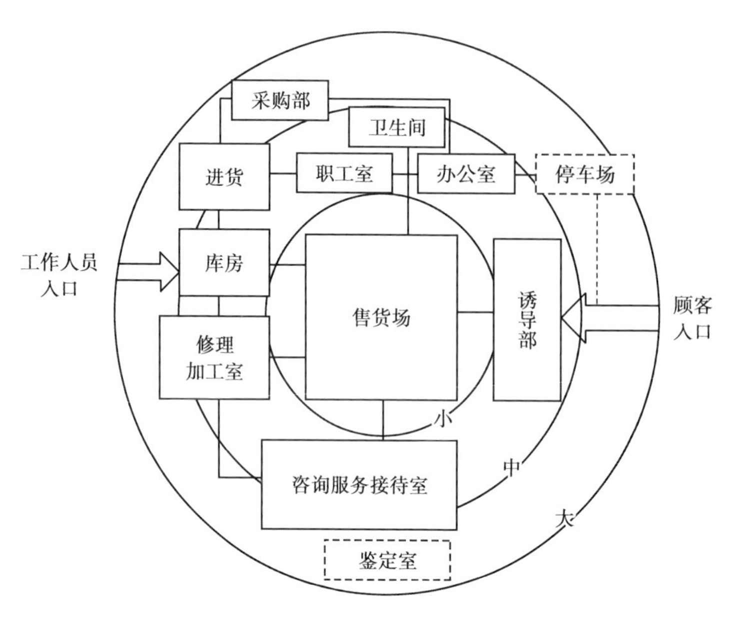

图3-46　首饰店功能分析图

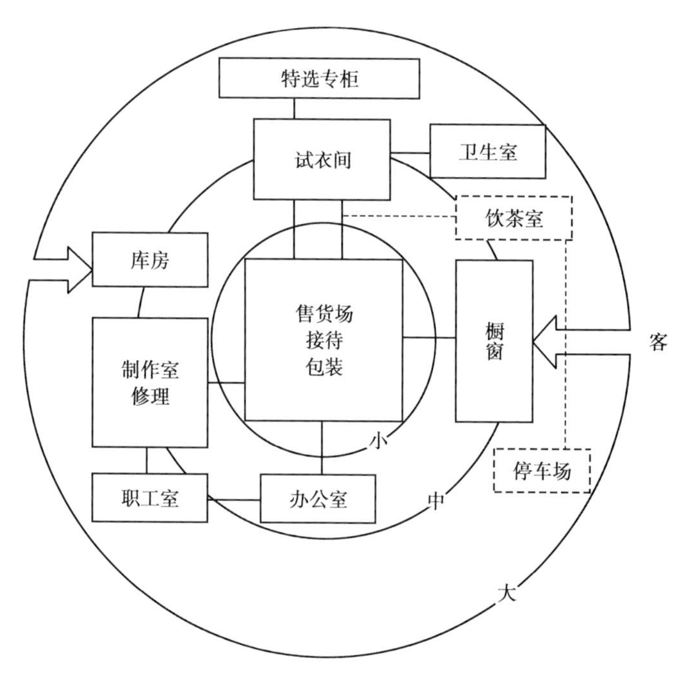

图3-47　服装店功能分析图

3.实例应用

在空间设计中空间尺度的问题可以借用人机工程学的视觉特性，视觉器官能知觉空间的大小、方向、形状、深度、质地、冷暖、移动、立体感和封闭感等。利用人的视觉特性对空间进行视觉上的扩大或缩小：形状大小对比；局部划大为小；界面延伸处理；色彩调节等（图3–48、图3–49）。

当然，不是所有的空间都可以随意扩大，在室内空间设计中还必须尊重建筑实体墙的存在。墙和顶棚属于实界面，顶棚的分格可以彰显空间的高度，有拉长室内高度的作用。当顶棚有空洞和透明玻璃时，空间会显得更加宽敞。结合色彩心理学的特性，在室内色彩使用上同样有效。室内照度高或呈冷色调时，室内空间会显得宽敞；室内照度低或呈暖色调时，室内空间则显得狭窄（图3–50—图3–59）。

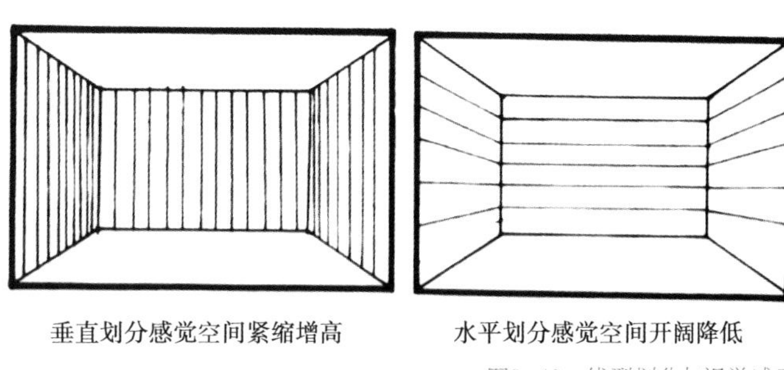

图3–48 线型划分与视觉感受

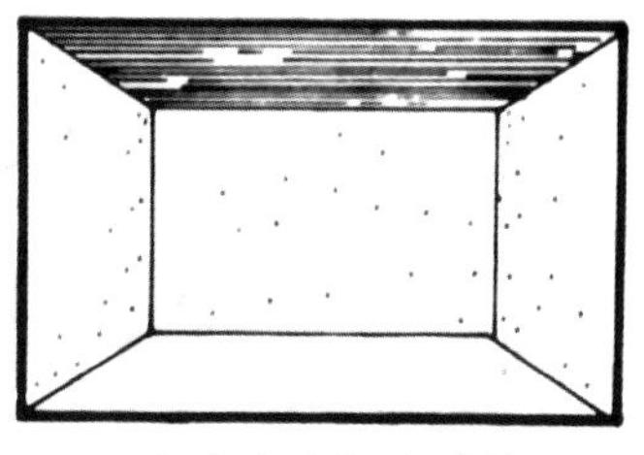

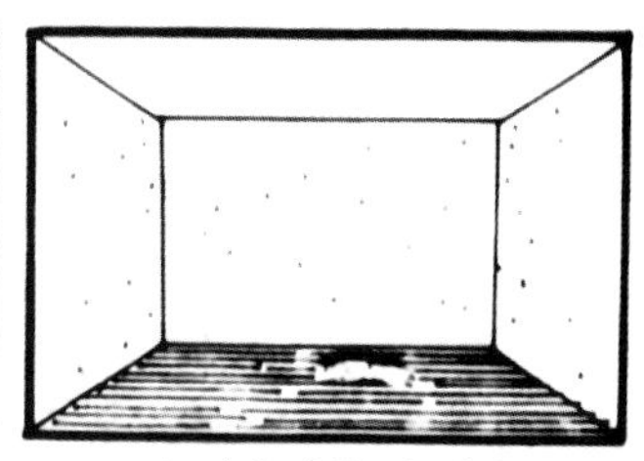

图3–49 色调深浅与视觉感受

图3–50 自然空间

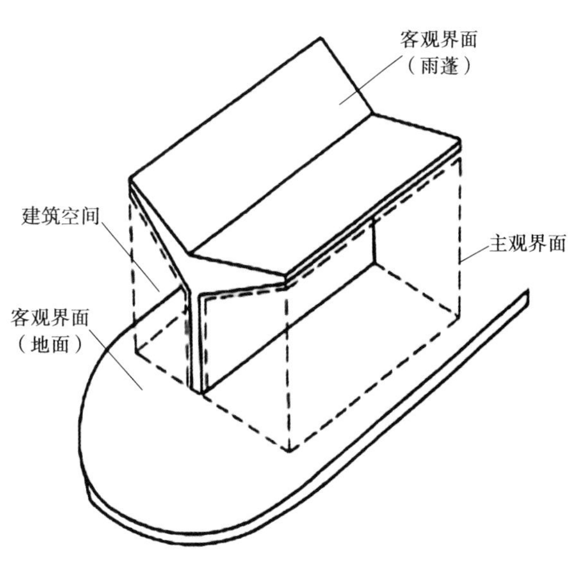

图3–51 建筑空间

图3-52　居住空间餐厅设计

图3-53　书店空间展示

图3-54　民宿内空间

图3-55　民宿外空间

图3-56　居住空间设计

图3-57　某民宿内空间

图3-58　集装箱公共空间设计

图3-59　户外居住空间设计

案例1：墨西哥城的日式餐厅

设计元素：武士盔甲

项目概况：本案是位于墨西哥圣达菲区的一个商业建筑底层的日式餐厅。受传统日本工艺“微妙和冷静”的启发餐厅被天然的黑色木材包裹着，当顾客进入餐厅后，会感受到一种平静和宁静的氛围。esrawe工作室运用一致的单色色调和材料，努力强调空间的体积，同时将室内的每个元素统一成一个整体。通过较高空间里的两个悬挂的木质特征的装饰物，进一步在视觉效果上强调餐厅的规模。小面板层叠在一起，形成连续的纹理，让顾客不由得想起武士盔甲的形象，尤其是胸甲，在日语中称为“d”（图3-60）。

图3-60　墨西哥城日式餐厅

案例2：哥本哈根群岛–浮动的城市岛屿

项目概况：哥本哈根群岛–浮动的城市岛屿由马歇尔·布莱彻工作室推出，为城市的港口提供了一种新型的公共空间。哥本哈根群岛有自己的生态系统，以水面上特有的植物、树木和草为特色，为昆虫提供栖息地。在水下，锚定点给海藻、鱼和软体动物一个新家。这些岛屿在市中心提供了一个不断变化的、宽敞的绿地，暗示着一种新型的适应气候的城市生活方式。

浮动结构在使用中即可持续又可回收，材料方面具有一定的灵活性。使用传统的木船建造技术建造哥本哈根群岛，这些“岛”将季节性地在港口未充分利用和新开发的部分之间移动，催化生命和其他活动。

第一个原型岛cph–1于2018年首次推出，并成为港口的一大亮点，赢得了许多设计奖项。这个25平方米的平台中心生长着一棵6米长的菩提树，它是哥本哈根南港造船厂用传统的木材技术手工建造的（图3–61）。

图3–61　哥本哈根群岛–浮动的城市岛屿效果图

案例3：某大学教学楼空间设计（图3-62、图3-63）

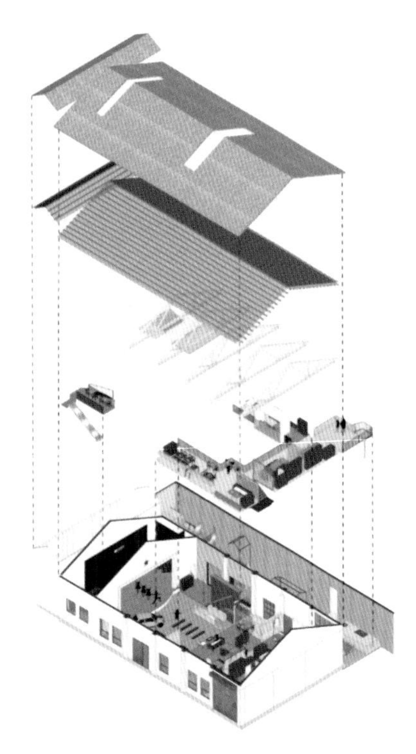

图3-62　内空间爆炸图

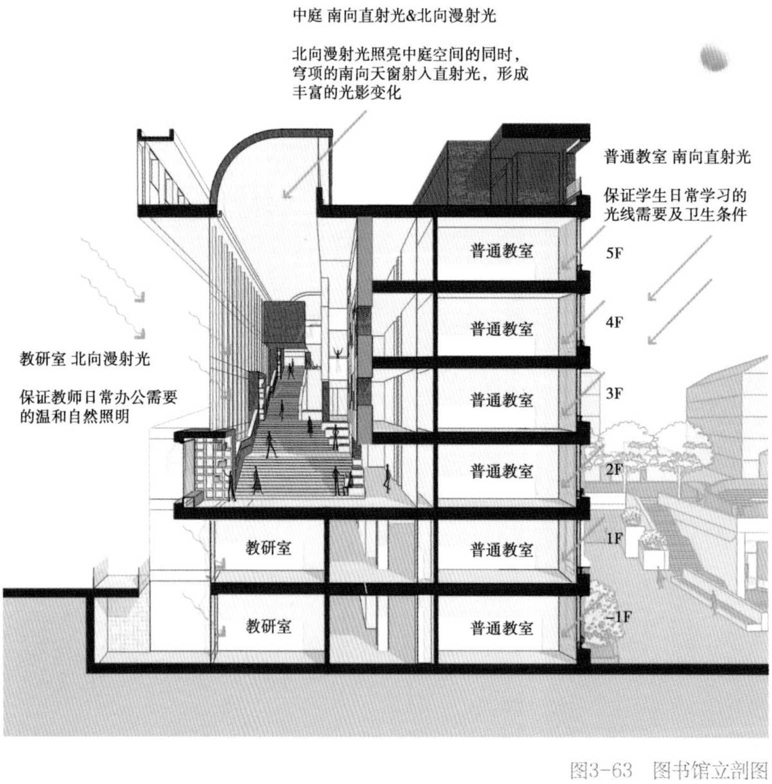

中庭 南向直射光&北向漫射光

北向漫射光照亮中庭空间的同时，
穹项的南向天窗射入直射光，形成
丰富的光影变化

普通教室 南向直射光

保证学生日常学习的
光线需要及卫生条件

教研室 北向漫射光

保证教师日常办公需要
的温和自然照明

普通教室

5F

4F

3F

2F

1F

-1F

教研室

图3-63　图书馆立剖图

案例4：内空间公共设施设计（图3-64、图3-65）

图3-64 人机工程学之垃圾桶的设计

图3-65 人机工程学之内空间的产品设计

4.常用室内尺寸

1）家具设计的基本尺寸

衣橱：深60~65、70 cm（推拉门），门宽40~65 cm

推拉门：75~150 cm，高190~240 cm

矮柜：深35~45 cm，柜门宽30~60 cm

电视柜：深45~60 cm，高60~70 cm

单人床：宽90、105、120 cm；长180、186、200、210 cm

双人床：宽135、150、180 cm；长180、186、200、210 cm

圆床：直径186、212.5、242.4 cm（常用）

室内门：宽80~95、120 cm（医院），高190、200、210、220、240 cm

厕所、厨房门：宽80、90 cm；高190、200、210 cm

窗帘盒：高2~18 cm；深12 cm（单层布）、16~18 cm（双层布）

沙发：单人式：长80~95 cm，深85~90 cm，坐垫高35~42 cm，背高70~90 cm

双人式：长126~150 cm，深80~90 cm

三人式：长175~196 cm，深80~90 cm

四人式：长232~252 cm，深80~90 cm

茶几：小型长方形：长60~75 cm，宽45~60 cm，高38~50 cm（38 cm最佳）

中型长方形：长120~135 cm；宽38~50、60~75 cm

正方形：长75~90 cm，高43~50 cm

大型长方形：长150~180 cm，宽60~80 cm，高33~42 cm（33 cm最佳）

圆形：直径75、90、105、120 cm，高33~42 cm

方形：宽90、105、120、135、150 cm，高33~42 cm

书桌：固定式：深45~70 cm（60 cm最佳），高75 cm

活动式：深65~80 cm，高75~78 cm

书桌下缘离地至少58 cm，长最少90 cm（150~180 cm最佳）

餐桌：高75~78 cm（一般）

西式高68~72 cm，一般方桌宽75、90、120 cm

长方桌宽80、90、105、120 cm，长150、165、180、210、240 cm

圆桌：直径90、120、135、150、180 cm

书架：深25~40 cm（每一格），长60~120 cm

下大上小型下方深35~45 cm，高80~90 cm

2）室内常用尺寸一

（1）墙面尺寸

踢脚板：高8~20 cm

墙裙：高80~150 cm

挂镜线：高160~180（画中心距地面高度）cm

（2）餐厅

餐桌：高75~79 cm

餐椅：高45~50 cm

圆桌：直径50、80 cm（二人），90 cm（四人），110 cm（五人），110~125 cm（六人），130 cm（八人），150 cm（十人），180 cm（十二人）

方餐桌：70 cm × 85 cm（二人），135 cm × 85 cm（四人），225 cm × 85 cm（八人）

餐桌转盘：直径70~80 cm

餐桌间距：应大于50 cm（其中座椅占50 cm）

主通道：宽120~130 cm

内部工作道：宽60~90 cm

酒吧台：高90~105 cm，宽50 cm

酒吧凳：高60~75 cm

（3）商场营业厅

单边双人走道：宽160 cm

双边双人走道：宽200 cm

双边三人走道：宽230 cm

双边四人走道：宽300 cm

营业员柜台走道：宽80 cm

营业员货柜台：厚60 cm，高80~100 cm

单背立货架：厚30~500 cm，高180~230 cm

双背立货架：厚60~80 cm，高180~230 cm

小商品橱窗：厚50~80 cm，高40~120 cm

陈列地台：高40~80 cm

敞开式货架：高40~60 cm

放射式售货架：直径200 cm

收款台：长160 cm，宽60 cm

（4）饭店客房

标准面积：25 m^2（大），16~18 m^2（中），16 m^2（小）

床：高40~45 cm，床头背板高85~95 cm

床头柜：高50~70 cm，宽50~80 cm

写字台：长110~150 cm，宽45~60 cm，高70~75 cm

行李台：长91~107 cm，宽50 cm，高40 cm

衣柜：宽80~120 cm，高160~200 cm，深50 cm

沙发：宽60~80 cm，高35~40 cm，背高100 cm（衣架高170~190 cm）

（5）卫生间

卫生间：面积3~5 m^2

浴缸：长122、152、168 cm；宽45、72 cm

坐便：75 cm × 35 cm

淋浴器：高210 cm

化妆台：长135 cm，宽45 cm

（6）会议室

中心会议室客容量：会议桌边长60 cm

环式高级会议室客容量：环形内线长70~100 cm

环式会议室服务通道宽：60~80 cm

（7）交通空间

楼梯间休息平台：净空≥210 cm

楼梯跑道：净空≥230 cm

客房走廊：高≥240 cm

两侧设座的综合式走廊：宽≥250 cm

楼梯扶手：高85~110 cm

门：宽85~100 cm

窗：宽40~180 cm（不包括组合式窗子）

窗台：高80~120 cm

（8）灯具

大吊灯：≥240 cm

壁灯：高150~180 cm

反光灯槽：最小直径≥灯管直径的2倍

壁式床头灯：高120~140 cm

照明开关：高100 cm

（9）办公家具

办公桌：长120~160 cm，宽50~65 cm，高70~80 cm

办公椅：高40~45 cm，长45 cm，宽45 cm

沙发：宽60~80 cm，高35~40 cm，背高100 cm

茶几：前置型：90 cm × 40 cm × 40 cm

中心型：90 cm × 90 cm × 40 cm、70 cm × 70 cm × 40 cm

左右型：60 cm × 40 cm × 40 cm

书柜：高180 cm，宽120~150 cm，深45~50 cm

书架：高180 cm，宽100~130 cm，深35~45 cm

3）室内常用尺寸二

支撑墙体：厚24 cm

室内隔墙断墙体：厚12 cm

大门：高200~240 cm，宽90~95 cm

室内门：高190~200 cm，宽80~90 cm，门套厚10 cm

厕所、厨房门：宽80~90 cm，高190~200 cm

室内窗：高100 cm，窗台距地面高90~100 cm

室外窗：高150 cm，窗台距地面高100 cm

玄关：宽100 cm，墙厚240 cm

阳台：宽140~160 cm，长300~400 cm（一般与客厅的长度相同）

踏步：高15~16 cm，长99~115 cm，宽25 cm，扶手宽1 cm，扶手间距2 cm，中间的休息平台宽100 cm

第四课　视觉传达设计应用

课时：6课时

要点：人机工程学在视觉传达设计中的应用，根据人机工程学中的相关测量数据，通过知觉感官的方式接受信息，从视觉、听觉、肤觉等介绍人机工程学的设计应用。

视觉传达设计包含视觉符号和传达两个概念。视觉符号是指人的眼睛所能看到的，表现事物一定质地或现象的符号。视觉符号是人们认识事物及信息交流的重要媒介，并通过知觉感官接受这些信息。视觉符号也可以通过新的关系综合成新的复合系统，如现代视听学习系统或多媒体系统就是由全部感官来接受的（图4–1、图4–2）。

图4–1　黑白图标

图4–2　有色图标

设计师运用这一方法传递信息知识，根据不同接收者的知识背景，担负着信息翻译或信息解读的作用。视觉传达更加注重视觉效果，人接受信息的主要感觉通道分别是视觉、听觉、肤觉等。由于人的大部分信息来源依赖于视觉，视觉显示应用最为广泛（图4-3、图4-4）。

图4-3 扁平化图标

图4-4 简约风旅游图标

1.图形符号设计

图形符号设计在人机应用中主要表现为辨识性和准确性（图4-5）。

1）标志符号

标志是一种形象语言，便于识别，起到示意、指示、警告、命令的作用，其颜色有特定意义，要求标志的形式信号化。例如，《道路交通标志和标线》把旅游区标志规定为六类交通主标志之一。该标准中规定一般道路标志底色为蓝色或绿色，旅游区标志以棕色作为底色。独特的棕色能吸引人们的注意力，使不熟悉当地旅游景点位置的游客能快速、安全地到达旅游区（图4-6—图4-11）。

图4-5　图形符号设计

图4-6　交通符号设计

旅游区方向

旅游区距离

问询处

野营火

营火

游戏场

骑马

徒步

索道

钓鱼

高尔夫球

图4-7　旅游景点符号设计

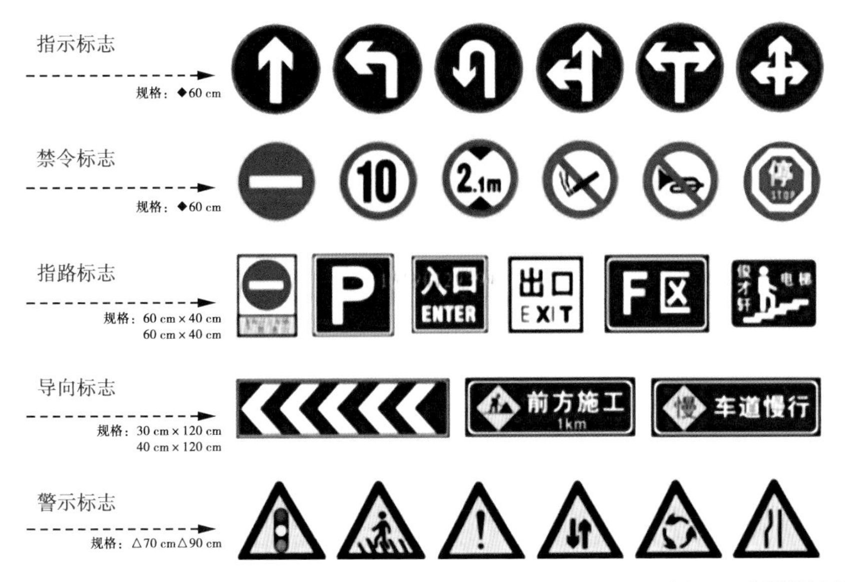

图4-8　交通道路图标

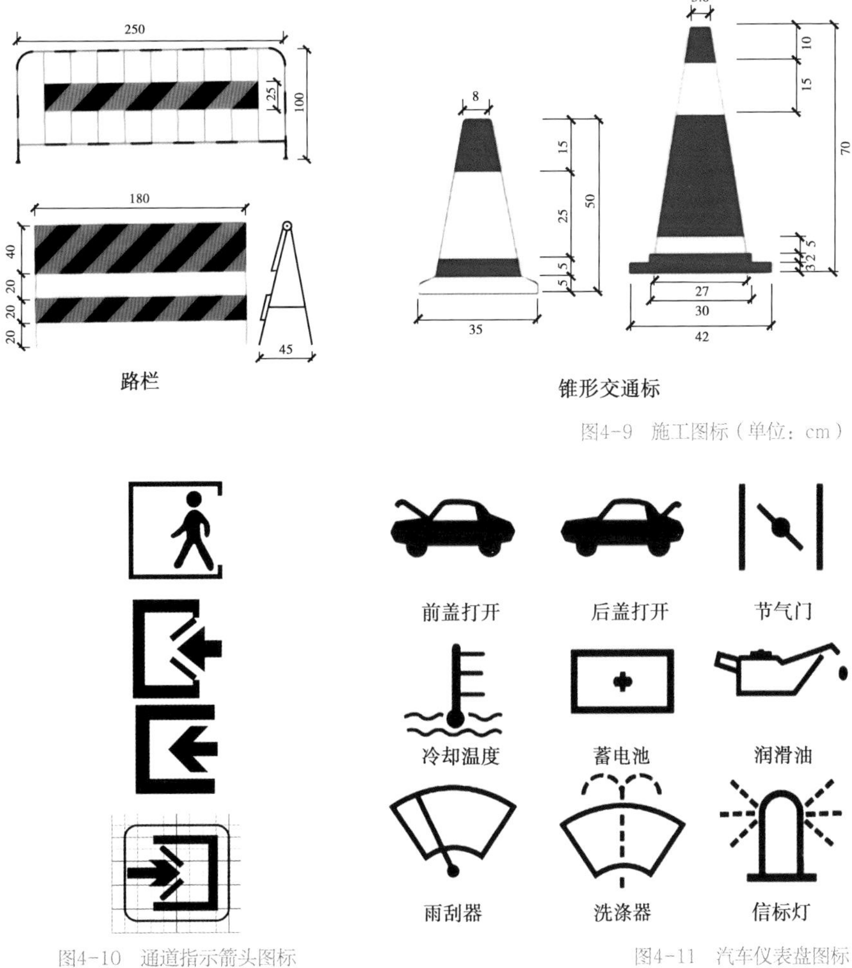

图4-9　施工图标（单位：cm）

图4-10　通道指示箭头图标

图4-11　汽车仪表盘图标

2）设备符号

（1）定义及分类

仪表是设备符号的主要代表，是信息显示器中应用极为普遍的一种显示器，仪表按显示功能可分为读数用仪表、检查用仪表、警戒用仪表、追踪用仪表和调节用仪表。

①读数用仪表：用具体数值显示机器的有关参数和状态，如汽车的时速表（图4–12）。

②检查用仪表：用以显示系统状态参数偏离正常值的情况。使用时一般不读出确切数值，而是为了检查仪表指针的指示是否偏离正常位置。

③警戒用仪表：用以显示机器是处于正常区、警戒区还是危险区。在显示器上可用不同颜色或不同图形符号将警戒区、危险区与正常区明显区别开来。如用绿、黄、红三种不同的颜色分别表示正常区、警戒区、危险区。为避免照明条件对分辨颜色的影响，分区标志可采用图形符号（图4–13）。

④追踪用仪表：追踪操纵是动态控制系统中最常见的操纵方式之一，根据显示器所提供的信息进行追踪操纵，以便使机器按照所要求的动态过程工作。这类显示器必须显示实际状态与需要达到的状态之间的差距及其变化趋势，宜选择直线形仪表或指针运动的圆形仪表。若条件允许，选用荧光屏显示更为理想。

⑤调节用仪表：只用以显示操纵器调节的值，而不显示机器系统运行的动态过程。一般采用指针运动式或刻度盘运动式，但最好采用由操纵者直接控制指针刻度盘运动的结构形式。

图4-12　读数用仪表

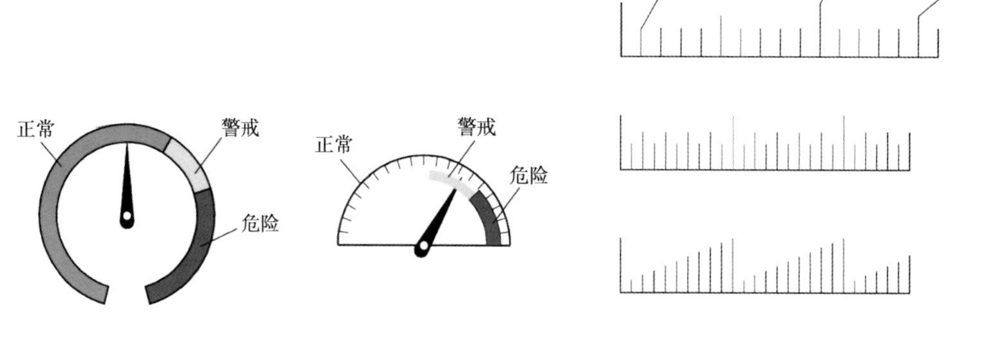

图4-13　警戒用仪表

图4-14　刻度线的类型

（2）刻度盘与刻度线

刻度盘的最佳视角为2.5°～5°，当确定了观察者与显示器之间的观察距离（视距）后，就可以算出刻度的最佳尺寸。

刻度盘上两个最小刻度标记间的距离称为刻度，应注意以下几个问题：

①刻度的大小：可根据人眼的最小分辨能力来确定，刻度的最小值一般按照视角为10°左右来确定，当视距为750 mm时，刻度可在1～2.5 mm范围内选取，当观察时间很短时（如0.25～0.5 s），取值可为2.3～3.8 mm。

②刻度线的类型：每一刻度线代表一定的测量数值，为了便于认读和记忆，刻度线一般有三级，即长刻度线、中刻度线和短刻度线。为了避免反向认读的差错（即对刻度值附近的刻度线颠倒加减关系），可采用递增式刻度线来形象地表示刻度值的增减（图4-14）。

③刻度线宽度：刻度线宽度一般取刻度大小的5%～15%，普通刻度线宽度通常取0.1±0.021 mm，远距离观察时可取0.6～0.8 mm，带有精密装置时可取0.001 5～0.11 mm。当刻度线宽度为刻度大小的10%左右时，读数误差最小。

刻度盘上标数应尽量取整数，避免采用小数或分数，更要避免需要换算后才能读出的标数。为了使每一刻度线代表的被测值一目了然并能被迅速认读，每一刻度线最好为被测量的一个单位值或2个、5个单位值，或1、2、5×10*n*倍（*n*为整数）个单位值。

（3）仪表文字符号设计

数字、拉丁字母及一些专用符号是用得最多的字符，仪表上的每个字符都向人们提供机器在生产过程中的信息，要迅速、准确地把信息显示出来，除刻度和指针的设计要符合人机工程学的要求外，还必须配上按视觉特性设计的数字和符号才能最有效地显示信息。

对字符形状的要求是简单、明显，可多用直线和尖角，加强字体本身特有的笔画，突出形的特征，不要用草体和带有装饰性的字体。如使用阿拉伯数字和英文字母时，应用大写印刷体，因为大写字线条清晰；使用汉字时，最好是仿宋字和黑体字的印刷体，笔画规整，清晰易辨（图4-15）。

图形符号的使用极大地克服了人们的语言障碍，不需要文字的说明，凭借简单明了的图形符号就能传达出信息。在进行图形符号设计时，应使人能准确理解，构形简明，突出对象属性，边界明确稳定，尽量采用封闭轮廓的图形，便于吸引目光。

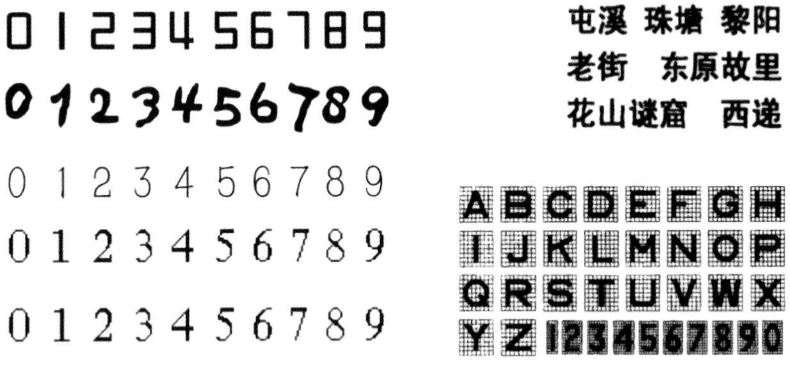

0 1 2 3 4 5 6 7 8 9
0 1 2 3 4 5 6 7 8 9
0 1 2 3 4 5 6 7 8 9
0 1 2 3 4 5 6 7 8 9
0 1 2 3 4 5 6 7 8 9

屯溪　珠塘　黎阳
老街　东原故里
花山谜窟　西递

A B C D E F G H
I J K L M N O P
Q R S T U V W X
Y Z 1 2 3 4 5 6 7 8 9 0

图4-15　各种文字符号

2.触摸类设计应用

当下的智能化要求是为触摸而设计的，界面的交互系统是以自然手势为基础的建构，符合人机工程学。移动互联网终端界面与交互设计，以内容为核心，提供符合用户期望的内容。输入方式上减少在应用内的文字输入，保持应用交互的手指及手势的操作流、用户的注意流、界面反馈转场的流畅性。在移动设备应用中，手势的统一性非常重要。同一页面内尽量不要多用几个手势操作，简洁易于操作是最重要的，这需要设计师提供一套应用信息架构的手势规范。尊重使用者是导航与交互的切入点，当然实用性也很重要（图4-16）。

在设计中根据热区和死角的区域分布，尽量将重要的界面交互元素放在热区的范围内。触控目标的最小尺寸，可用UI目标大小的手指元素：食指7 mm×7 mm，1 mm的间距；拇指8 mm×8 mm，2 mm的间距；各类型的表单组件5 mm的最小间距。可触区域必须大于7 mm×7 mm，尽量大于9 mm×9 mm。在右手持机状态下，有效触控区位于屏幕的左下方（图4-17）。

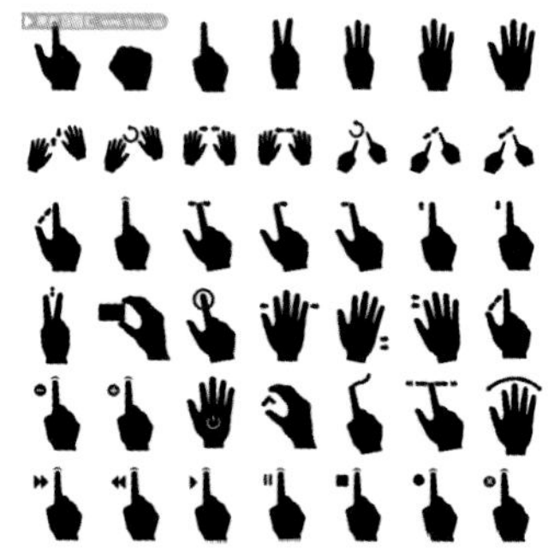
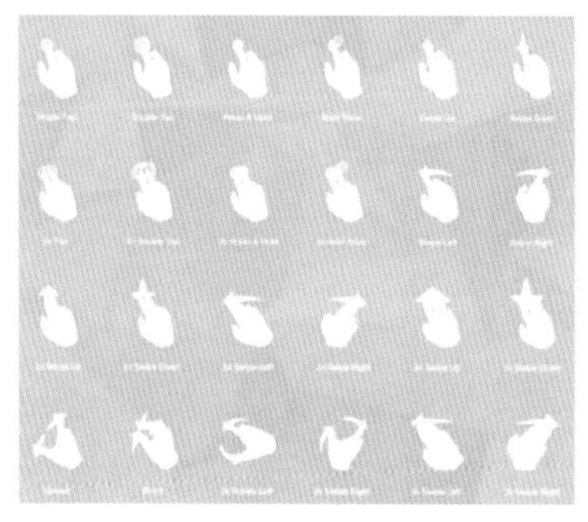

图4-16　触摸手势

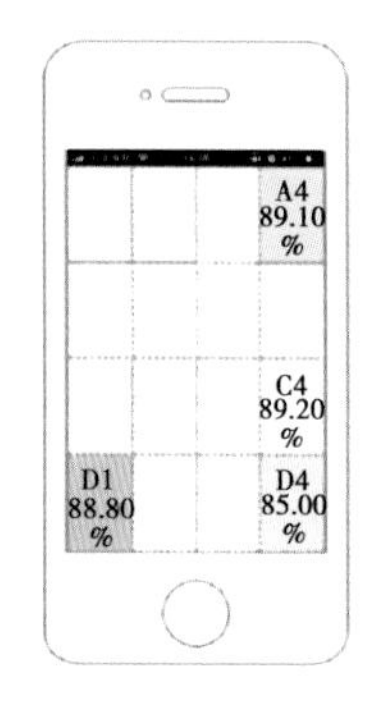

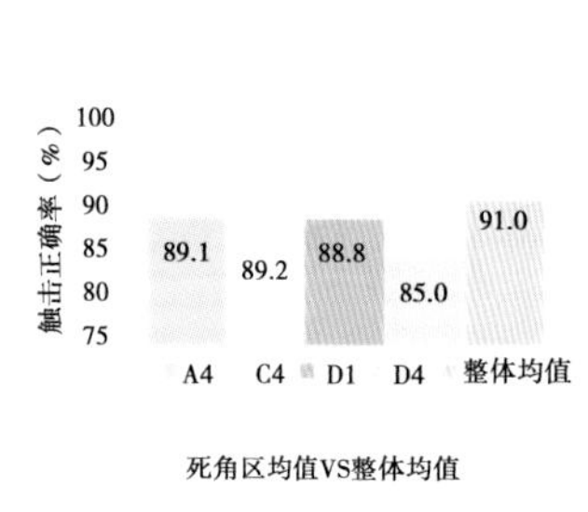

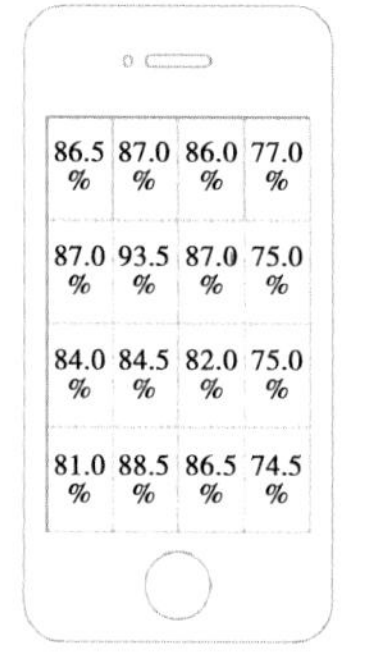

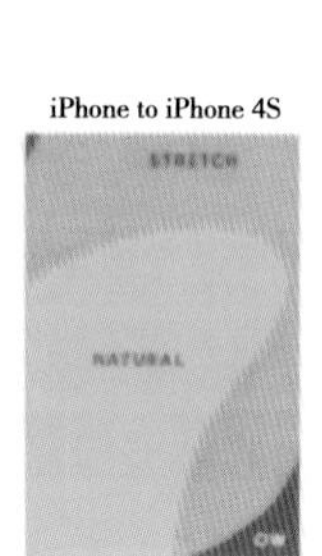

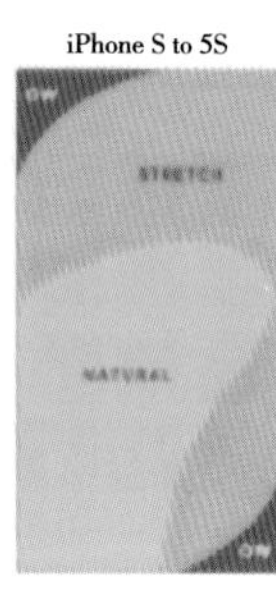

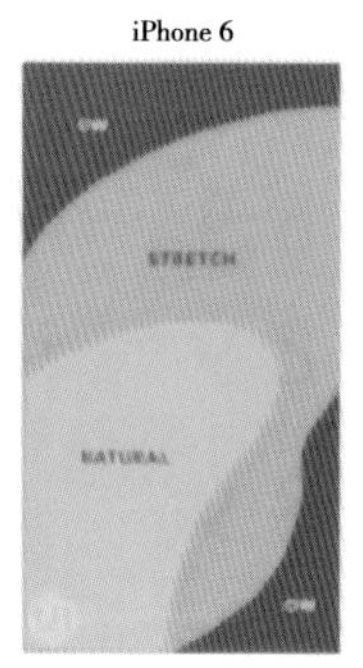

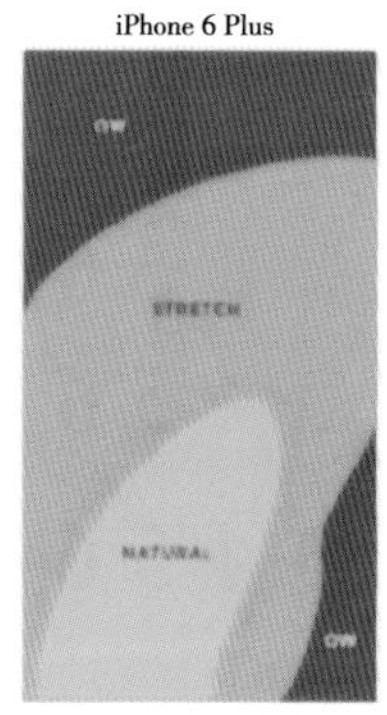

图4-17　有效触控区分析

按钮是交互设计中的必备元素，在用户和系统的交互中承担着非常重要的作用。用户界面交互时，设计的每一个项目都需要解码，用户解码时间越长，可用性越差。麻省理工学院的触觉实验发现，10 mm × 10 mm是一个较合适的最小触摸目标尺寸（图4–18、图4–19）。

按钮设计中强化按钮边缘和视觉效果；凸显按钮的位置；凸显重要的按钮，这个过程相当有难度，需要消耗用户的认知成本；把按钮按照合理的顺序放好；给按钮匹配释义的标签——是什么、怎么用、如何实现用户目标；弱化消极按钮（图4–20）。

材料的选用与触觉的体验密切相关，搞清楚材质和肌理，才能更好地根据设计方案搭配出相应的元素（图4–21、图4–22）。

图4–18　触摸按钮的设计

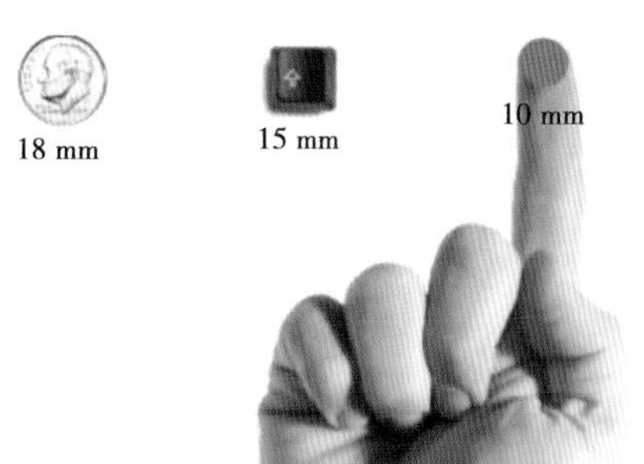

图4-19　触摸点的大小

图4-20　开关按钮造型设计

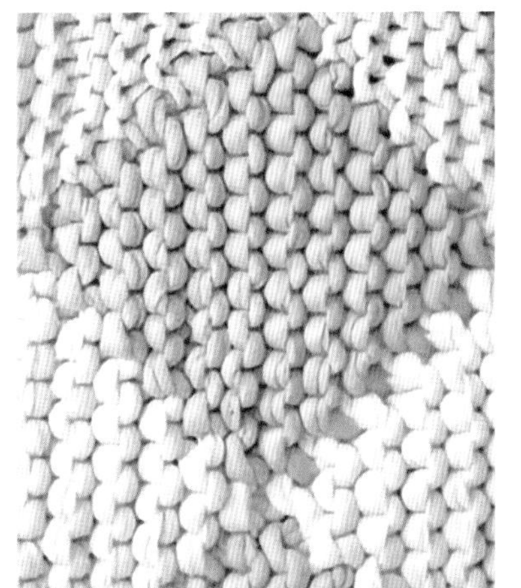

图4-21　材料质地

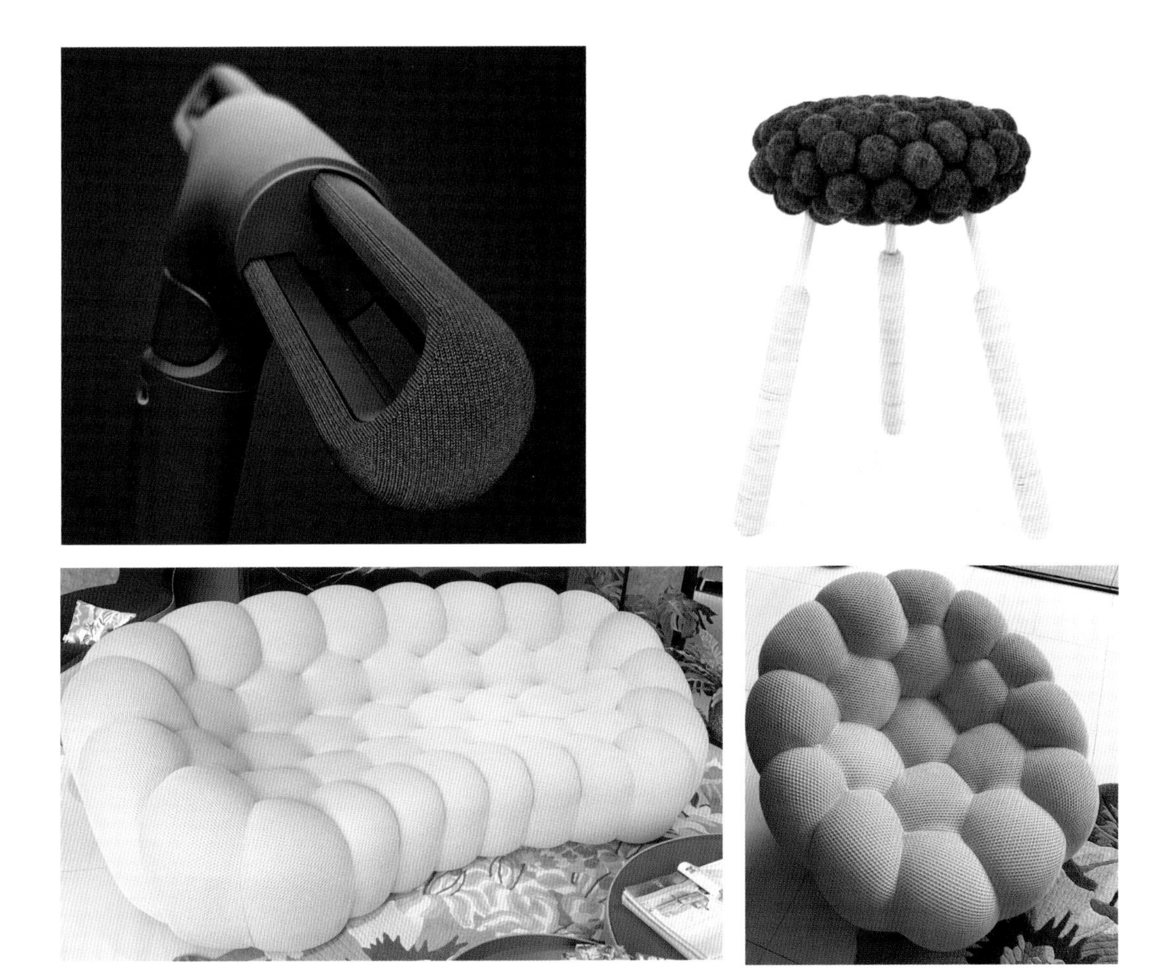

图4-22　材质肌理在设计中的表现

3.实例应用

案例1：Role品牌设计

设计师：Pedro Panetto

客户：Agencia Rowle

该品牌的标准呈矩形，该形状与电影制作领域联系密切，因为在电影制作中会大量使用相机、隔板、库存胶片、屏幕等矩形物品。设计师使用黄金矩形作为品牌标志的基础矩形，矩形的宽度除以标志文本的宽度等于1.618，即黄金比例（图4–23）。

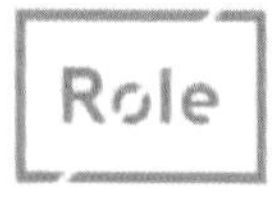

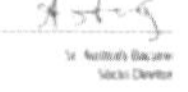

图4–23　企业图形文字设计

案例2：刀具清洁刷

人机工程学在产品功能的应用主要是通过对使用者的需要来确定的。人们的需求是不断转变的，产品的研究也要进行相应的转变。 在厨房里做饭的前期工作有洗菜、切菜、配菜等，在这个过程中需要不同功能的刀具，而刀具在厨房用品中的危险系数也是相对较高的。因此，应设计一个相对安全实用的刀具组合。这款刀具的组合产品既能安全清理刀具，又便于收纳，满足厨房用品的功能需要（图4–24）。

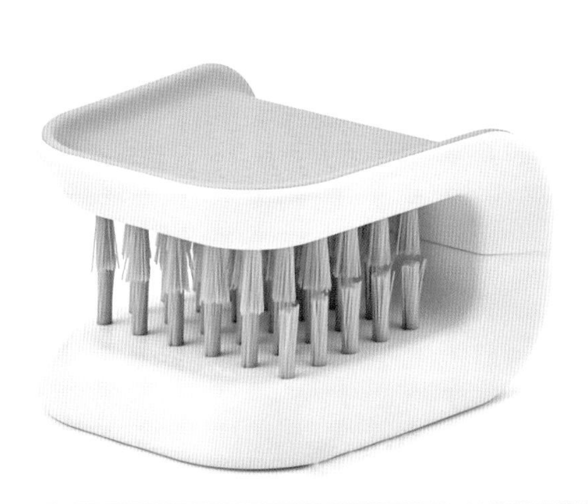

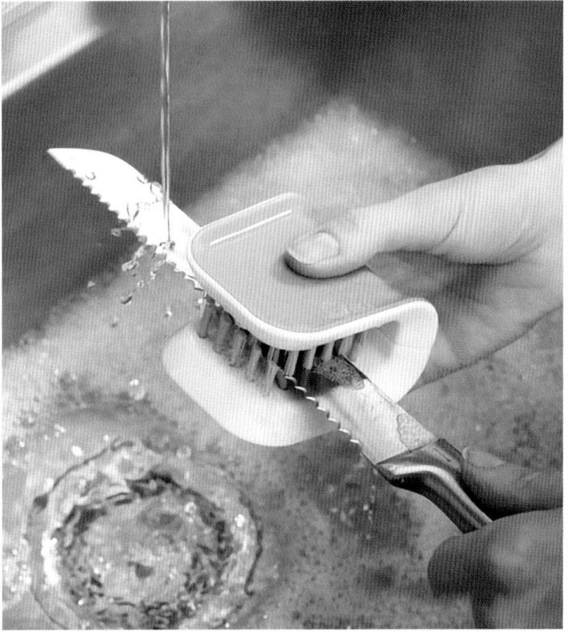

图4–24 刀具清洁器

案例3：Magic Animal World，Geometric Flat

设计师：Oleg Berasnev

这套插画在形状和颜色的安排上，以简化的几何图形比例为依据。鲜艳的颜色突出不同主体的形状。设计师认为色彩能够传达情感，恰当的比例和形状对于理解一个形象起着非常重要的作用。把动物作为插画的主体，主要是因为其有着大自然赋予的饱和色彩及美丽的形态（图4-25）。

图4-25　案例3作品展示

案例4：设计师Nate Williams的插画作品

Nate Williams是美国西部的一位艺术设计总监，其作品充分展现出独特的创造性，从视觉角度值得我们学习、思考和欣赏（图4-26）。

图4-26　案例４作品展示

案例5：创意卡通橡皮擦设计

“和我一起给模特们理个发吧！”

这是一款关于橡皮擦的设计，整个设计贯穿使用过程之中，具有浓浓的趣味性和创造性。设计是可以参与的，让使用者在使用时顺便给模特理发。创意卡通橡皮擦可以通过简单的擦除来改变和塑造每个人物独特的个性和不同的发型（图4-27—图4-29）。

图4-27　趣味造型

图4-28　造型过程

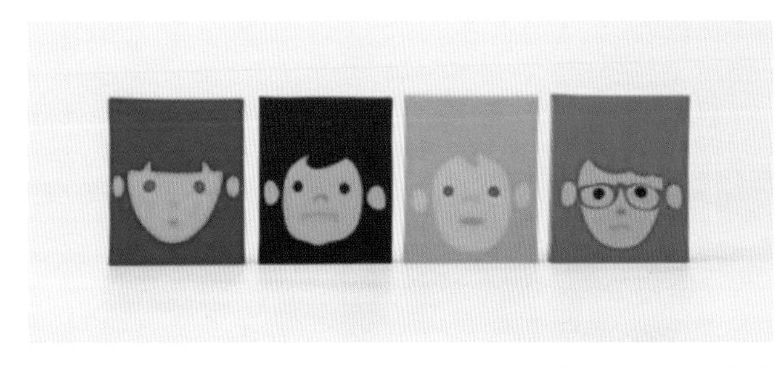

图4-29　想给我理发吗

第三单元
人机课题与实践

课　　时：**31**课时

单元知识点：本单元为课程实践部分，要求学生结合实际情况自设立课题，引导学生敢于尝试对问题的探索，体验实践与创想的过程，做符合人机工程学要求的设计作品，不断提升设计的能力。

第五课　人机课题

课时：8课时

要点：本课的主要内容是通过实践，对理论知识进行研究；鼓励学生善于发现问题、分析问题，并根据相应的数据设立课题，进行深入研究；运用所学设计表达的方式方法展示课题。

1.课题的设立

1）探寻问题

人机工程学是综合性的应用型学科，如果不通过实际应用的学习，就不能更好地把人机工程学的数据资料进行吸收，这样很难做出好的设计。完成一次人机工程学应用实践，用人机工程学的理论知识分析一个实际的问题。擦亮眼睛多仔细观察就会有新的发现。

引导学生发现问题，并对问题展开调查研究，探索可能性的改进或是优化，寻求更佳的解决方案。善于思考，细心观察，从身边的事物进行探寻，也可以是自己感兴趣的范畴等。

2）分析问题

收集文献资料和现实情况的调研，需要在课堂之外进行完成，超越教材需要到图书馆、资料室、互联网以及问题所设计的种种社会现场实地进行调研。激发学生的学习主动性，培养学生自我钻研的能力。

世界上所有的套路都是有迹可循的，这句话告诉我们要学会分析问题，可以从熟悉的案例或是自己喜欢的案例进行分析。

分析案例的问题时，不要仅凭个人的主观感受评价人际关系的优劣。结合教材中的数据资料，对课题实际事物进行调研，并查阅相关参考文献。分析课题时，尽量选择可能接触到的事物（如与自身专业相关的），便于大家进行实情调研。

所要分析的问题，不宜太多，控制在1~3个。本环节鼓励学生互相讨论，大胆创新，可以根据课题大小或兴趣进行组队。可两人合作或三人合作，不建议超出此范围。

2.命题单

课题确定好后根据问题对设计过程进行探讨研究。这个过程能反映出对设计的理解和深度，是一种较好的操作方法。

从实践到认识，再从实践到创新是学习的最好路径，需要重视过程研究，包括设计的调研—设计构思—设计表达—设计评估。

1）设计调研

对课题进行实际调研，结合人机工程学知识点，查阅相关的参考文献；

系统/产品/界面进行调研；

系统/产品/界面/广告功能分析（问题）；

系统/产品/界面/广告使用（行为）分析（问题）；

系统/产品/界面/广告存在问题总结；

系统/产品/界面/广告设计定位/目标（用户、功能/要解决的问题、使用环境）。

2）设计构思

根据设计定位和人机工程学相关理论，提出2~3个设计构想，画/做出草图/建模/草模型，并用文字简洁说明人机学的理论依据。

经过评估后（安全、高效、舒适、健康、经济）确定其中一种设计构想为初步设计方案。

3）设计表达

精细化初步设计方案中的尺寸/布局/色彩/操作流程/操作行为等，用文字说明所依据的人机学理论/数据，绘制最终设计方案的效果图、尺寸图、模型。

作为人机工程学的设计作品，应注意以下几点：在技术可行的条件下，一般不需要进行结构细节的详尽设计；设计不同于方案构思，设计图上应该标注必要的三维空间尺寸，表达量化的人机工程设计的成果；对构形要素、物质要素等尽量表达出来；三视图上附简略的文字说明；学生也可根据自己的手绘情况，通过效果图补充图例。

4）设计评估

用效果图表+三视图+透视图，图内需标注尺寸。

简单的设计说明，将产品的设计阐述清晰，300字左右。

要求PPT的格式+讲述方案（5 min）。

人机工程学评估的标准：产品与人体的尺寸、形状及用力是否配合；产品是否顺手和方便使用；是否能避免使用者操作时意外伤害的发生；各操作单元是否实用；各元件在安置上能否使其意义毫无疑问地被辨认；产品是否便于清洗、保养及修理。

3.课题推荐

1）工作空间设计类

- 设计一款令人舒适的椅子：学生宿舍使用的学习用椅子（凳子）
- 学生宿舍盥洗室的改进设计
- 校园路灯改进设计
- 学生宿舍床的设计
- 校园快递交通工具的设计
- 乡村景区的设施设计
- 各类服务大厅内的窗口设计（公安部门、邮局、银行、医院等）
- 养老院休闲座椅系列的设计
- 特殊人群的设施设计
- 立-坐姿多媒体控制台改进设计：支持教师立-坐姿方式讲课
- 校园晨读设施创新设计：为学生晨读提供支持
- 学生公寓盥洗台改进设计：为学生洗漱活动提供支持
- 宿舍学习空间改进设计：为学生在宿舍学习活动提供支持
- 院办公室工作人员工作空间设计：为工作人员工作提供支持
- 自助阅读公交车站

2）手持工具类

- 锉刀改进设计
- 螺丝刀改进设计
- 削皮器改进设计

3）界面设计类

- 教室电器控制系统界面改进设计
- 食堂刷卡器界面改进设计
- 家用电视机遥控器界面改进设计
- 微波炉界面改进设计

4）视觉传达设计类

- 考研班招生校园招贴设计
- 校园导视系统改进设计
- 公交车站牌改进设计
- 设计一款鼠标的造型方案：适用于设计学院学生
- 便于学生宿舍使用的衣架设计：适用于初中生、高中生、大学生、研究生
- 校园交通指示牌的改进设计
- 轻轨交通提示牌的改进设计

- 设计一款App可以调节眼睛视觉疲劳
- 某品牌VI设计

5）热点人群的设计

- 老龄化与数字化的问题研究
- 为父母进行的适老设计
- 小学生专用手机设计

第六课　人机实践

课时：23课时

要点：结合真实的案例将前面的内容进行汇总并验证，实现理论到实践再到理论的研究过程。学生亲身感受好设计的设计流程，感悟设计的严谨性。

1.人机实践

1）设计研究

根据采集到的图片，研究并分析案例探寻存在的问题和解决方法。参照命题单的内容，在课后开展研究方案。

案例1：某烘焙品牌的生吐司包装口设计

方案分析：本案例为某烘焙店的土司包装袋设计，封口的设计非常的考究且实用性强。封口条设计合理，使用方便省力，对产品的保存也比较的有利。

图6-1　改进之前的封口设计

图6-2　改进后的封口设计

案例2：某化妆品瓶口的问题分析

案例分析：出水口使用过程中容易将多余的产品流淌在瓶盖上。一方面不利于清洁，另一方面产品的利用率降低，产品浪费突显。

解决方案：设计一块辅助小附件——水滴棉（3D棉材质），置于瓶口出水位置控制出水量，能有效地缓解出水量。因为是辅助附件，属于一次性产品，不存在卫生或是挤压变形的问题。

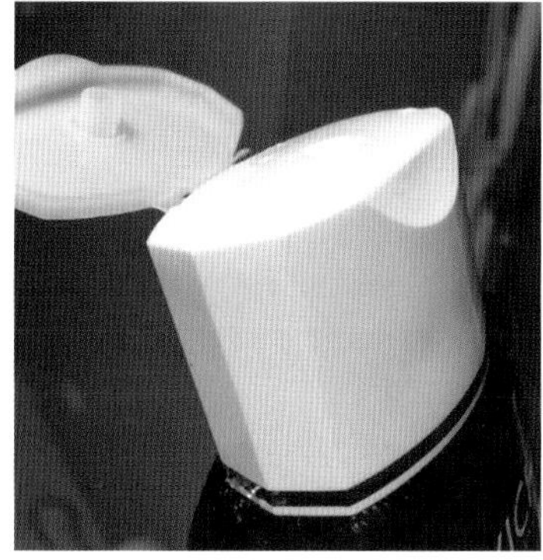

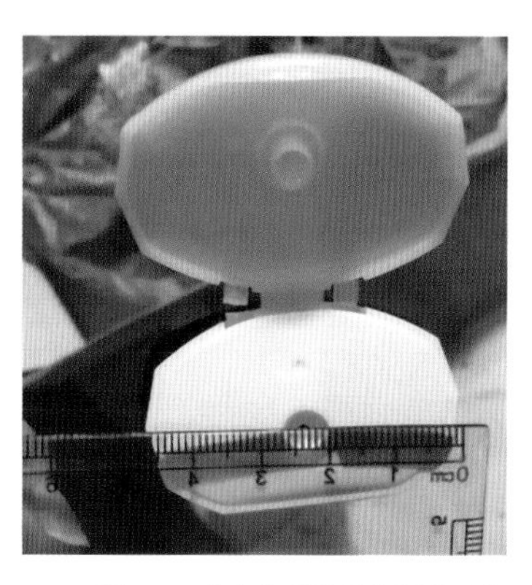

图6-3　某化妆品品牌的瓶盖现状

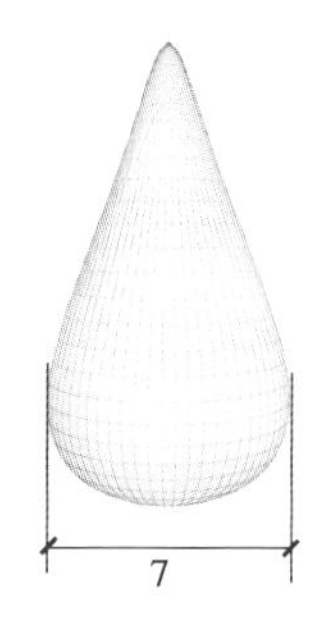

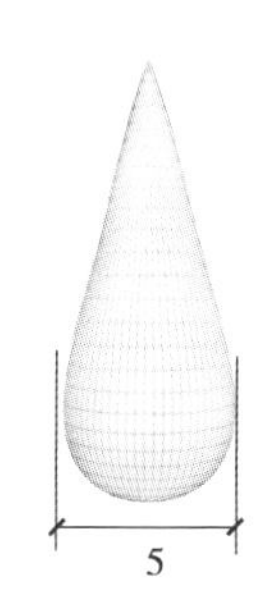

图6-4　3D棉造型（单位：mm）

案例3：老住宅的改造设计分析

本案例为20世纪30年代位于广州荔湾旧城的一套老住宅改造设计方案。

设计师：谢英凯

委托人：一对“85后”新婚夫妇

前期存在的问题：危险楼房；结构不规则；与邻居共墙共窗；昏暗无光；经常浸水等。

方案分析：在解决房子的物理结构问题外，还需要对这个初创家庭未来家庭成员的变化进行预设和计划——双方的父母；未来的小朋友；小朋友长大后的考虑。与此同时，两位准婚委托人除了同是公务员的身份外，男主人的珍贵手办和书籍，女主人的汉服衣物等，需要偌大的储物空间。原建筑存在的种种难点，和两位未来主人对家的构想，设计团队承载着这个新家的梦想开启这次改造。老宅的改造设计活化了旧建筑，活化了旧城。

图6-5 房屋改造前

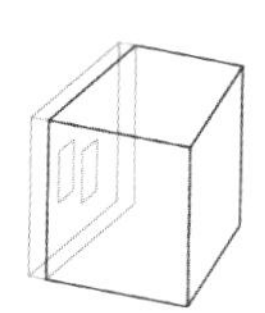

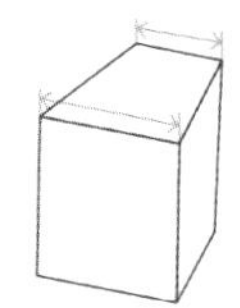

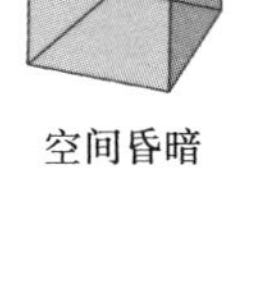

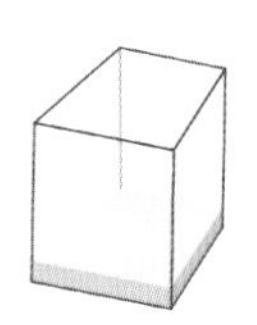

图6-6 问题分析

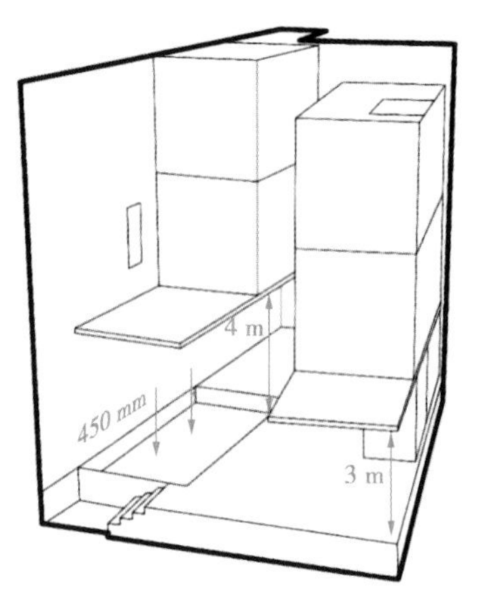

图6-7 空间尺寸

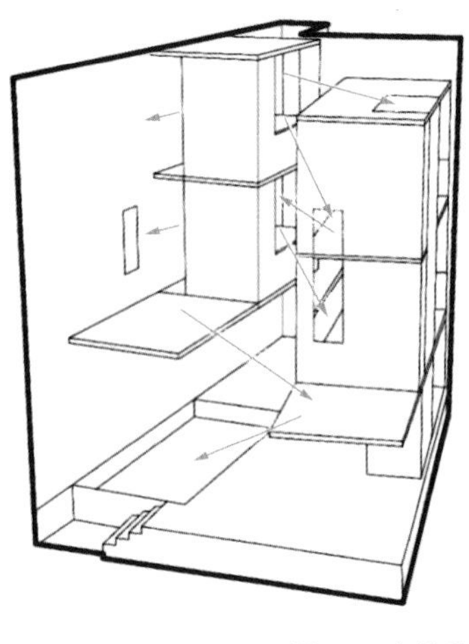

图6-8 内部采光

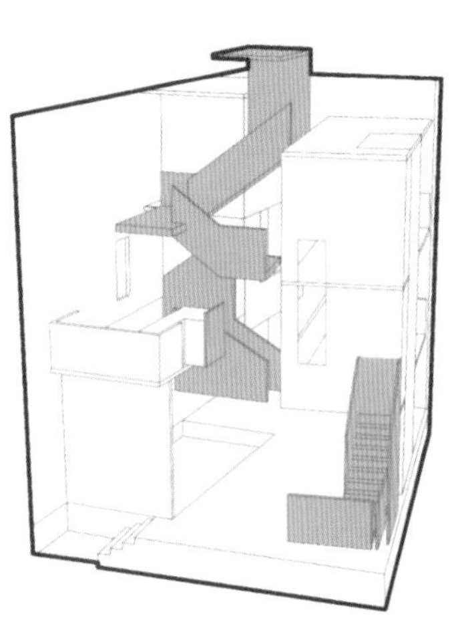

图6-9 通道布局

2）问题研究

根据3~5张采集的问题案例图片，分析案例存在的问题，问题控制在1~3个，不宜太多。

分析案例的问题时，不要仅凭个人的主观感受。结合教材上的数据资料，运用人机工程学的知识点对课题实际事物进行调研，并查阅相关参考文献，提出改进设计的构思。具体内容可参照命题单，表达形式不限。

案例1：某体育广场灯具的实际情况

图6-10　景观广场绿植现状

图6-11　运动广场景观灯现状

案例2：居住区电梯里的警示广告贴

图6-12　电梯内置提示图形符号现状

图6-13　警示图标现状

2.学生实践作品

题目1：小学生握笔器人机学评析与改进设计

作者：环境设计专业学生

分析问题：

4~6岁的学龄儿童准备学习时，如何养成正确的握笔姿势是工业设计的热点。就此问题在课堂上展开分析与讨论。日常生活和学习中，铅笔（自动）、钢笔、签字笔等工具，因出自不同厂家，型号、规格等均有差异，设计上多多少少存在一些不合理的地方。这些不合理在人机工程学中被称为缺陷，而人机工程学就是要解决这些缺陷。

本研究课题是针对小学生用笔写字时，辅助握笔姿势的握笔器设计。握笔器的主要载体是常规的木质铅笔。根据小学生手的形状特征分析，设计一款能辅助小学生正确握笔的握笔器，提高其在写字过程中的正确度和舒适度。

解决问题

正确的握笔姿势可以有效地帮助小学生更好地写字，写出更好的字。那么，如何拥有正确的握笔姿势，如何训练更好、更快、更准确的握笔姿势呢？我们可以通过以下设计构思来正确地矫正孩子的握笔姿势。

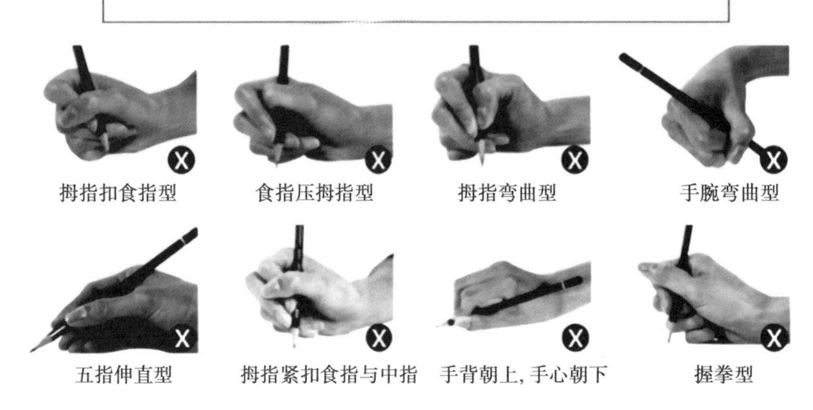

图6-14　常见错误握笔姿势

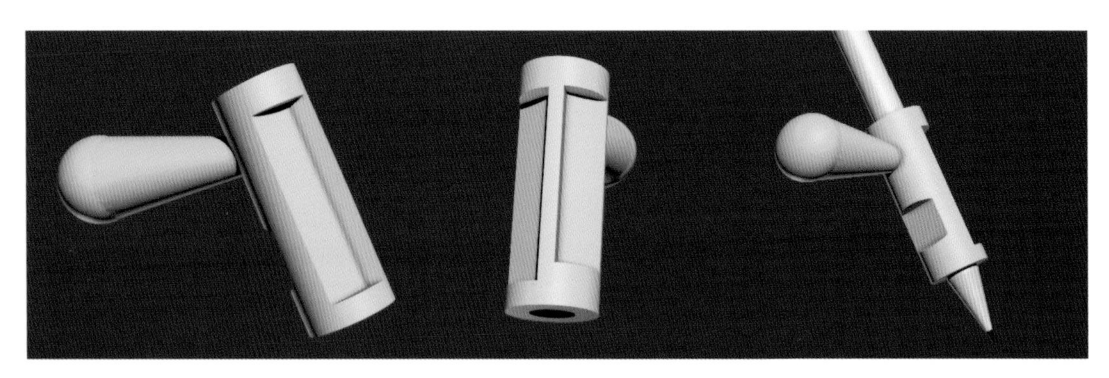

图6-15　握笔器设计构思

题目2：校园公共设施的改良设计

作者：环境设计专业

分析问题：

虽然校园公共设施就在我们身边，可是学生想完成对一个熟悉环境的设计改造，并不是一件易事，往往出现盲目设计，脱离实际或者受手绘图限制，不能画出自己的设计，还有思维定式的习惯，束缚了创意的设计思维等等，在学校多媒体达不到的情况下，老师当如何开展这课程，正努力实践解决中，这是目标，校园公共设施概念，分类，公共设施设计的原则。

公共设施是促进人与自然直接对话的道具，帮助人更直接方便地与自然对话，校园公共设施起着协调人与校园环境关系的作用，进入新世纪以来，我们的生活习惯和消费观念发生了大的变化，传统观念等公共设施也不能满足人们的生活需要。

解决问题：

校园设施陈旧是最主要问题，不能合理地发挥其自身的存在意义。针对调研的种种问题，提出符合校园公共设施的设计方案。

尝试将有生命的植物融入产品中，在产品和人之间建立一种情感联系，使产品富有生命力，促使人们像珍爱生命一样爱护公共设施，公共设施，不同于单纯的产品设计，它最终呈现给人的是它和特定环境相互渗透的印象，设计时应考虑其相容性，透明材料的，应用，使产品，具有很好的视觉，通透性和融合性，在中西方文化交流的今天，国际文化和本土文化相结合尤为重要，校园文化和经典设计的融合同样精彩，实用功能是产品设计的基本要求，人机工程，是公共设施设计，必须要研究的要素。

设计首先是满足使用功能，在此前提下应视其特点而增强精神功能，从而使使用者与产品进行全方位接触，得到精神和物质多重享受。

图6-16 课堂小练

图6-17　校园座椅a设计效果图（单位：mm）

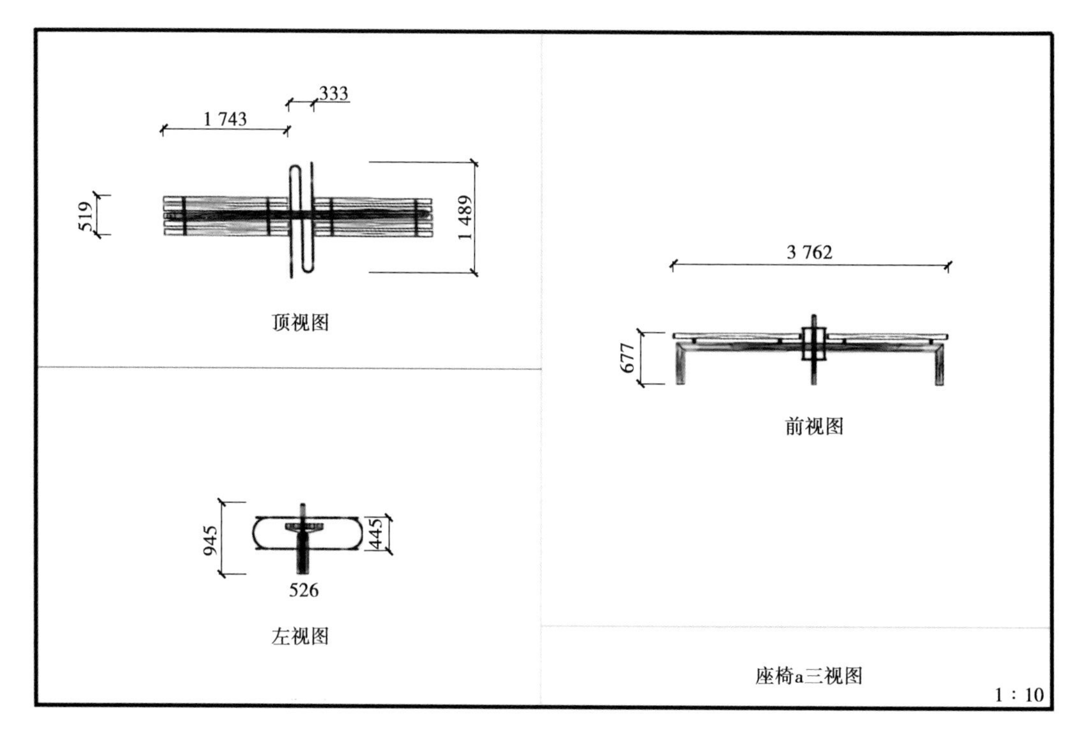

图6-18　校园座椅a三视图（单位：mm）

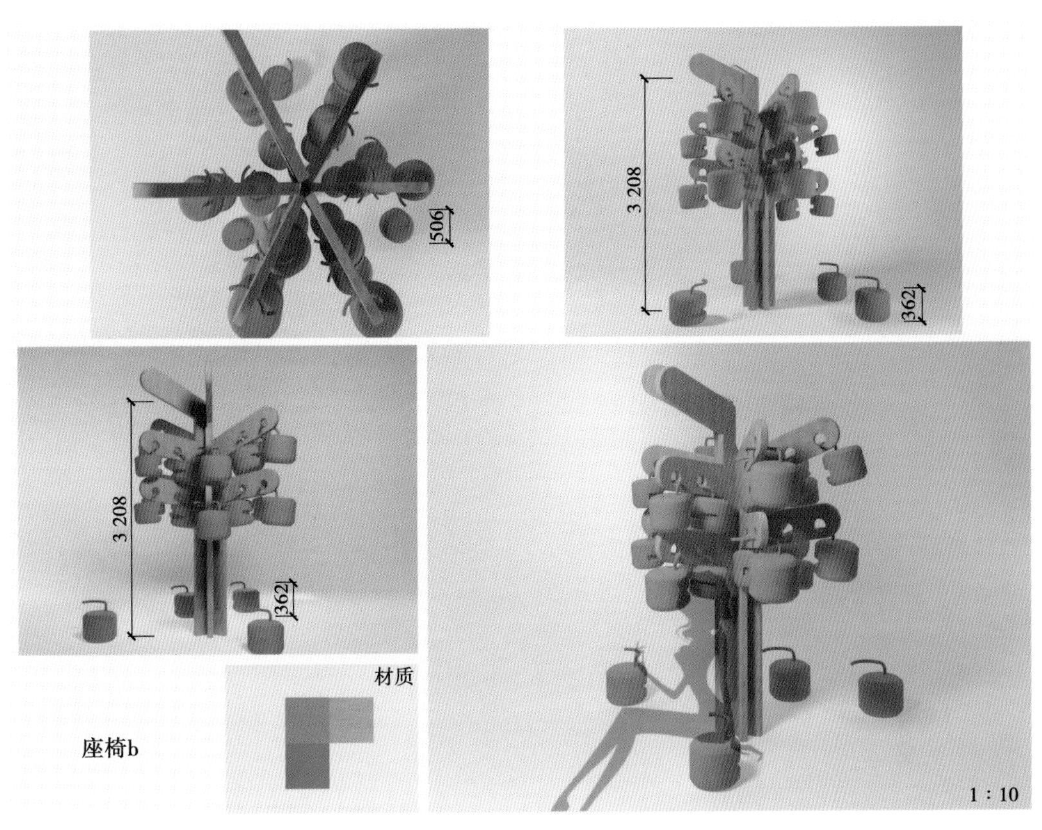

图6-19 校园座椅b设计效果图（单位：mm）

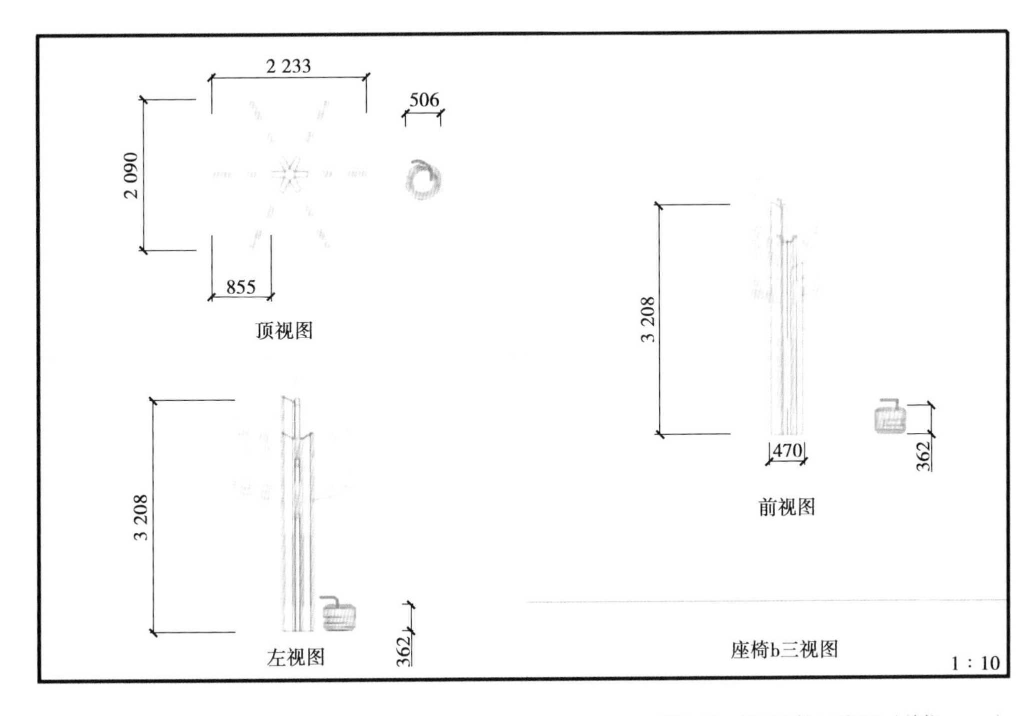

图6-20 校园座椅b三视图（单位：mm）

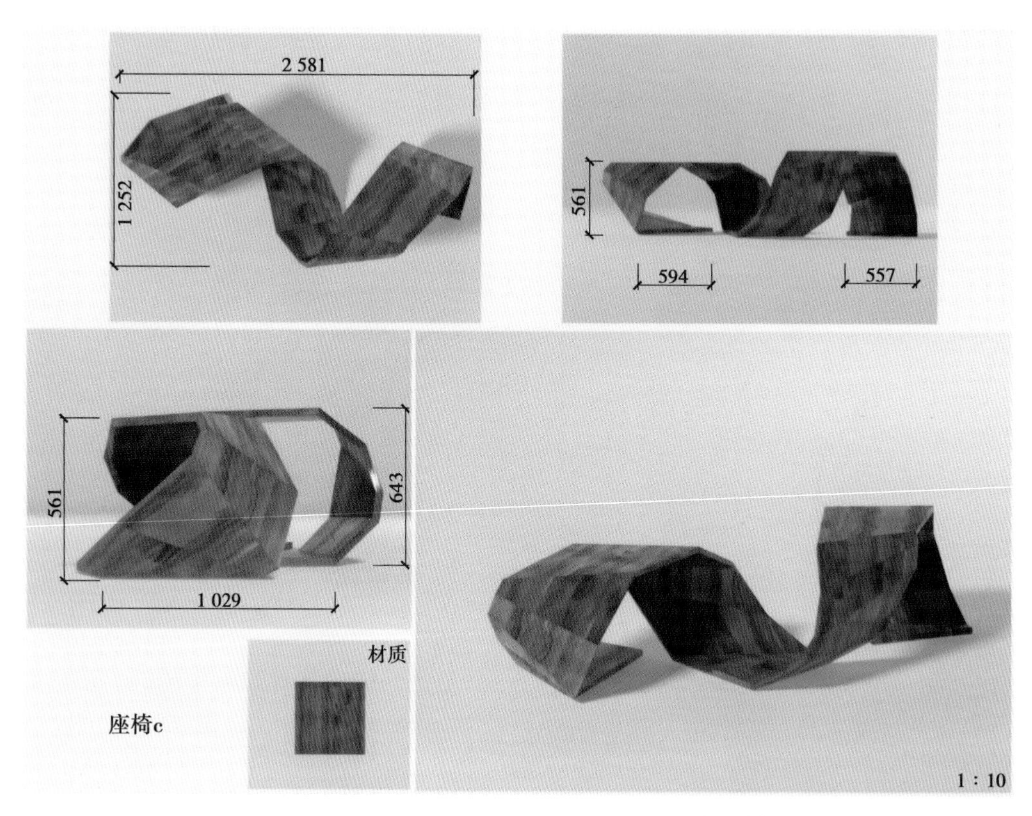

图6-21　校园座椅c设计效果图（单位：mm）

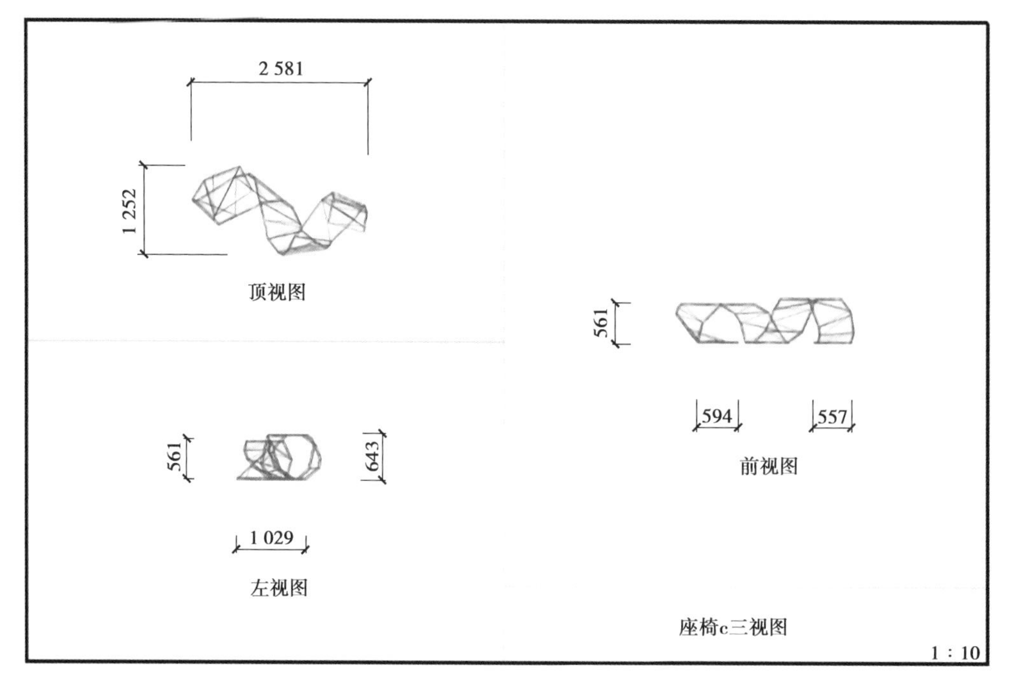

图6-22　校园座椅 c 三视图（单位：mm）

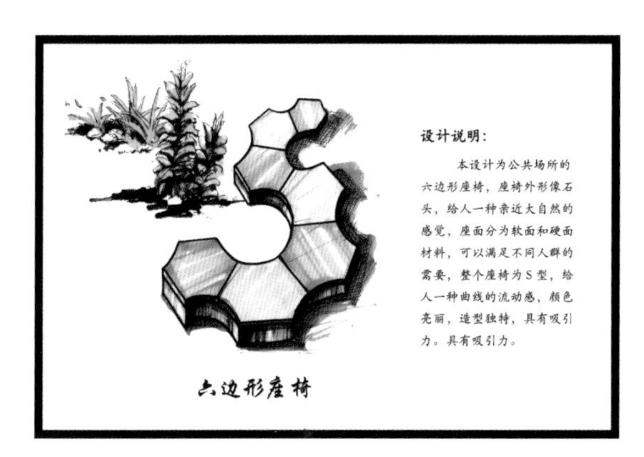

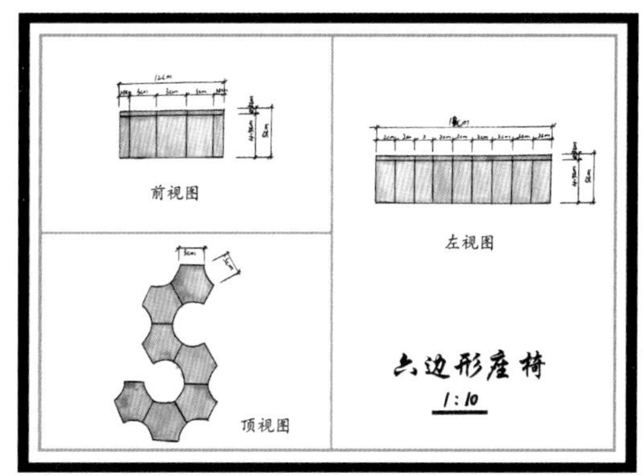

图6-23 六边形座椅

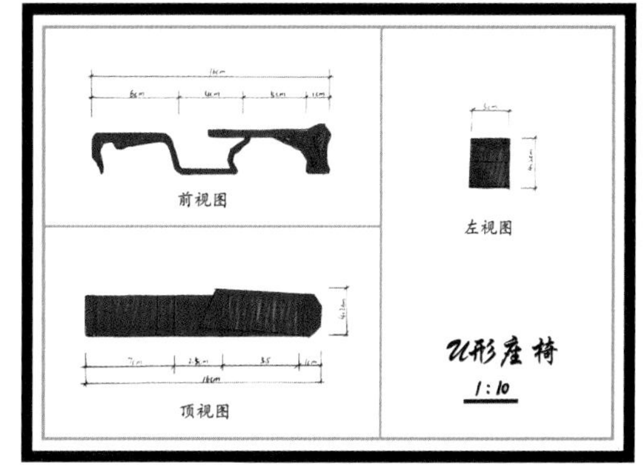

图6-24 u形座椅

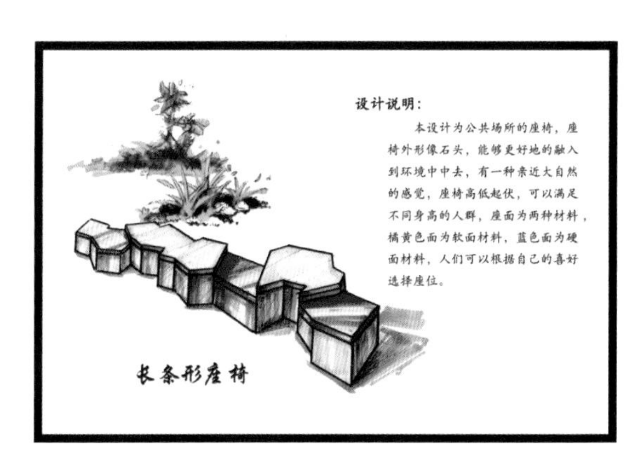

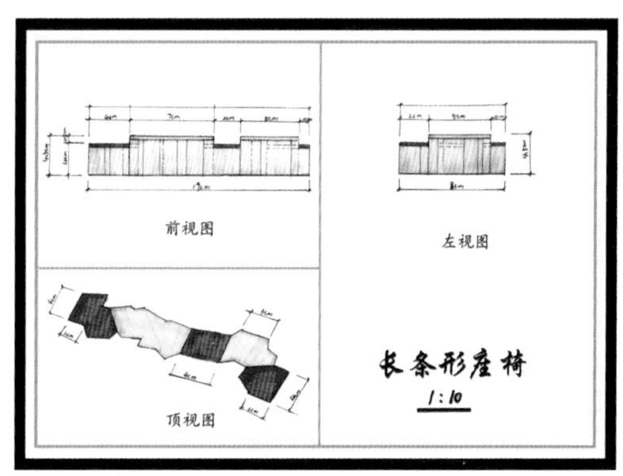

图6-25 长条形座椅

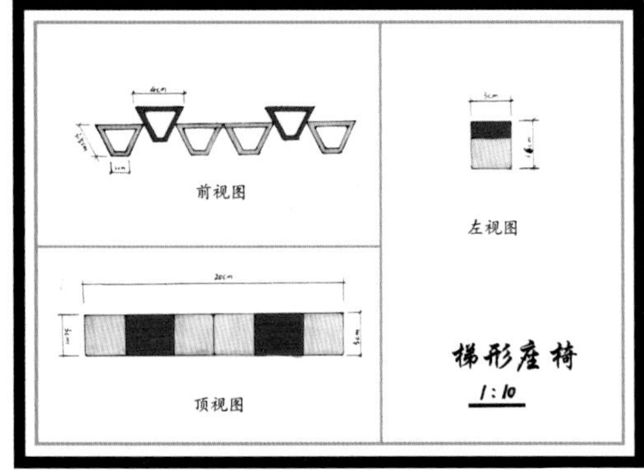

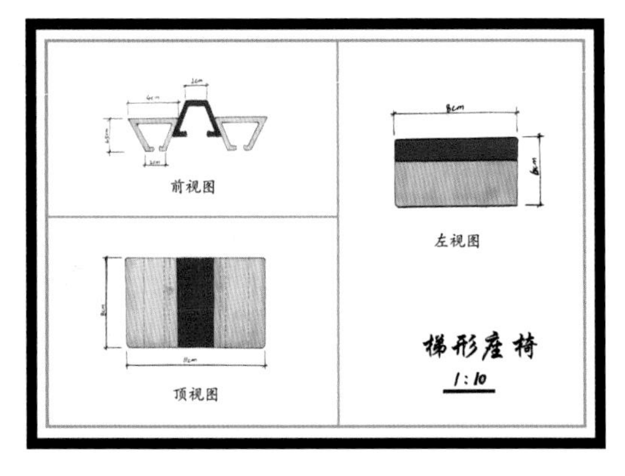

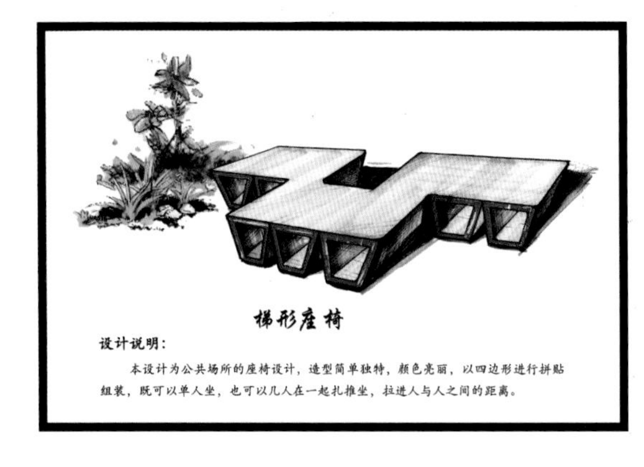

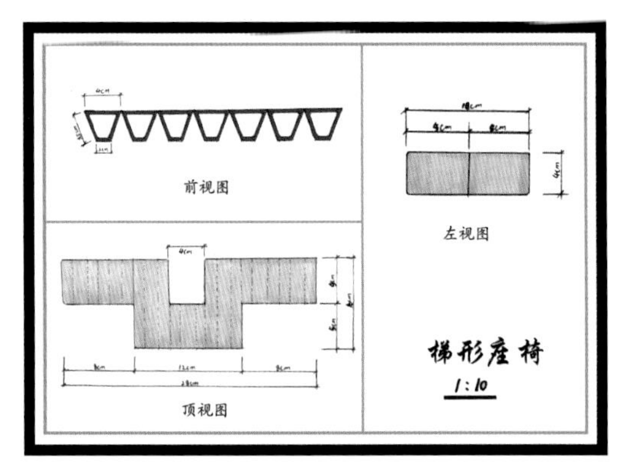

图6-26　梯形座椅

小　结

以上展示的学生作品分别来自不同设计专业、不同年级。通过这些作品可以看出，人机课题前期的调研不够深入，对人体尺寸的应用认识不够充分。人机研究是一个过程性的研究，需要在大量的实践过程中不断地优化及深入。因此，课题前期应以鼓励学生为主，分阶段进行优化，最终完成一次良好的人机改进设计作业。

结束语 / CONCLUDING REMARKS

近几年来，艺术设计专业的课程体系不断地适应着市场需求的变化。人机工程学是一门综合性的应用型学科，对于设计专业课程体系来说，人机工程学是重要的基础课程，为设计学课程提供了设计依据。了解人机工程学基本理论、基本方法，内容概貌后，实践联系理论，进行应用实践，培养学生实践应用的能力。

本教材在一定的专业理论基础上，引导学生探索人机知识，运用人体尺寸在设计学中发挥重要的作用，让学生经历一次较完整的应用实践。启发学生掌握人机工程学的思维方法，灵巧地解决设计问题。遵循理论知识，注重课程实践，引导学生对生活细节进行观察。从熟悉的领域和事物进行课题初探，学会发现问题并能研究改进的设计方案。教材中选用了部分学生的课程练习作业，作品中或多或少存在一些问题，请大家多多包涵。本教材的编写得到重庆人文科技学院建筑与设计学院的大力支持，非常感谢学院领导给予的各种帮助。也非常感谢建筑与设计学院2013—2019级艺术设计专业的同学们在课程学习中的认真表现。由于编者水平有限，书中错误在所难免，请各位同仁及广大读者批评指正。

培养优秀的设计师一直是我们的追求，做有用的设计，真实地改善我们的生活品质，改善我们的生存环境，再小的切入点都值得去研究。

编　者

2022年3月

参考文献 / REFERENCES

[1] 艾伦·库伯，等. About Face 4：交互设计精髓：纪念版 [M]. 倪卫国，等译. 北京：电子工业出版社，2020.

[2] 柴春雷，汪颖，孙守迁. 人体工程学 [M]. 2版. 北京：中国建筑工业出版社，2009.

[3] 丁玉兰. 人机工程学 [M]. 5版. 北京：北京理工大学出版社，2017.

[4] 高凤麟. 人机工程学 [M]. 北京：高等教育出版社，2009.

[5] 罗伯托·J.伦格尔. 室内空间布局与尺度设计 [M]. 李嫣，译. 武汉：华中科技大学出版社，2017.

[6] 代尔夫特理工大学工业设计工程学院. 设计方法与策略：代尔夫特设计指南 [M]. 倪裕伟，译. 武汉：华中科技大学出版社，2014.

[7] 唐纳德·A.诺曼. 设计心理学2：如何管理复杂 [M]. 张磊，译. 北京：中信出版社，2011.

[8] 伊恩·希金斯. 室内设计空间思维：从零开始的全流程设计指南 [M]. 周飞，译. 北京：化学工业出版社，2021.

[9] 张绮曼，郑曙旸. 室内设计资料集 [M]. 北京：中国建筑工业出版社，1991.

[10] 赵江红. 人机工程学 [M]. 北京：高等教育出版社，2006.

附　录 / APPENDIX

附录一　常用专业术语

人体工程学	研究“人—机—环境”系统中人、机、环境三大要素之间的关系，为解决该系统中人的效能、健康问题提供理论与方法的科学
肘部高度	从地面到人的前臂与上臂接合处可弯曲部分的距离
挺直坐高	人挺直坐时，座椅表面到头顶的垂直距离
构造尺寸	静态的人体尺寸，是人体处于固定的标准状态下测量的
功能尺寸	动态的人体尺寸，是人在进行某种功能活动时肢体所能达到的空间范围，是在动态的人体状态下测得的，是由关节的活动、转动所产生的角度与肢体的长度协调产生的范围尺寸，对于解决许多带有空间范围、位置的问题很有用
种族差异	不同的国家，不同的种族，因地理环境、生活习惯、遗传特质的不同，人体尺寸的差异是十分明显的
百分位	百分位表示具有某一人体尺寸和小于该尺寸的人占统计对象总人数的百分比
正态分布	大部分属于中间值，只有一小部分属于过大和过小的值，它们分布在范围的两端
身高	人身体直立、眼睛向前平视时从地面到头顶的垂直距离
正常坐高	人放松坐时，从座椅表面到头顶的垂直距离
眼高（站立）	人身体直立、眼睛向前平视时从地面到内眼角的垂直距离
眼高	人的内眼角到座椅表面的垂直距离
肩高	从座椅表面到脖子与肩峰之间的肩中部位置的垂直距离
肩宽	两个三角肌外侧的最大水平距离
两肘宽	两肋屈曲，自然靠近身体，前臂平伸时两肋外侧面之间的水平距离
肘高	从座椅表面到肘部尖端的垂直距离
大腿厚度	从座椅表面到大腿与腹部交接处的大腿端部之间的垂直距离
膝盖高度	从地面到膝盖骨中点的垂直距离
膝腘高度	人挺直身体坐时，从地面到膝盖背后（腿弯）的垂直距离。测量时膝盖与踝骨垂直方向对正，赤裸的大腿底面与膝盖背面（腿弯）接触座椅表面
臀部－膝腿部长度	从臀部最后面到小腿背面的水平距离
臀部－膝盖长度	从臀部最后面到膝盖骨前面的水平距离
臀部－足尖长度	从臀部最后面到脚趾尖端的水平距离
垂直手握高度	人站立、手握横杆，然后使横杆上升到不使人感到不舒服或拉得过紧的限度为止，此时从地面到横杆顶部的垂直距离

续表

侧向手握距离	人直立，右手侧向平伸握住横杆，一直伸展到未感到不舒服或拉得过紧的位置，这时从人体中线到横杆外侧面的水平距离
向前手握距离	这个距离是指人肩膀靠墙直立，手臂向前平伸，食指与拇指尖接触，这时从墙到拇指梢的水平距离
肢体活动范围	人在某种姿态下肢体所能触及的空间范围，由于这一概念也常常被用来解决人们在各种作业环境中遇到的问题，因此也称“作业域”
作业域	人们在各种作业环境中某种姿态下肢体所能触及的空间范围
人体活动空间	现实生活中人们并非总是保持一种姿势不变，总是变换着姿势，并且人体本身也随着活动的需要而移动位置，这种姿势的变换和人体移动所占用的空间构成了人体活动空间
姿态变换	姿态的变换集中于正立姿态与其他可能姿态之间的变换，姿态的变换所占用的空间并不一定等于变换前的姿态和变换后的姿态占用空间的重叠
静态肌肉施力	无论是人体自身的平衡稳定或人体的运动，都离不开肌肉的机能。肌肉能收缩和产生肌力，肌力作用于骨骼，通过人体结构再作用于其他物体上，称为肌肉施力。肌肉施力可分为动态肌肉施力和静态肌肉施力
睡眠深度	休息的好坏取决于神经抑制的深度即睡眠的深度。睡眠深度与活动的频率有直接关系，频率越高，睡眠深度越浅
视野	眼睛固定于一点时所能看到的范围
绝对亮度	眼睛能感觉到的光强度
相对亮度	光强度与背景的对比关系
辨别值	光的辨别难易与光和背景之间的差别有关，即明度差
视力	眼睛目测物体和分辨细节的能力，随被观察物体的大小、光谱、相对亮度和观察时间的不同而变化
残像	眼睛在经过强光刺激后，会有影像残留于视网膜上，这是由于视网膜的化学作用残留引起的。残像的问题主要是影响观察，因此应尽量避免强光和玄光的出现
暗适应	人眼中有两种感觉细胞：锥体和杆体。锥体在明亮时起作用，而杆体对弱光敏感，人在突然进入黑暗环境时，锥体失去了感觉功能，而杆体还不能立即工作，因而需要一定的适应时间
色彩还原	光色会影响人对物体本来色彩的观察，造成失真，影响人对物体的印象。日光色是色彩还原的最佳光源，食物用暖色光、蔬菜用黄色光比较好
噪声	凡是干扰人的活动（包括心理活动）的声音都是噪声，这是从噪声的作用来对噪声下定义的。噪声还能引起人强烈的心理反应，如果一个声音引起了人的烦恼，即使是音乐的声音，也会被称为噪声。例如，某人在专心读书，任何声音对于他而言都可能是噪声。因此，也可以从人对声音的反应这个角度来下定义，即噪声是引起烦恼的声音
触觉	皮肤的感觉即触觉，皮肤能反应机械刺激、化学刺激、电击、温度和压力等
心理空间	人们并不仅仅以生理的尺度去衡量空间，对空间的满意程度及使用方式还决定于人们的心理尺度，这就是心理空间。空间对人的心理影响很大，其表现形式也有很多种
个人空间	每个人都有自己的个人空间，这是直接在每个人周围的空间，通常具有看不见的边界，在边界以内不允许进来。它可以随着人移动，还具有灵活的伸缩性
领域性	领域性是从动物的行为研究中借用过来的，是指动物的个体或群体常常生活在自然界的固定位置或区域，各自保持自己一定的生活领域，以减少对生活环境的相互竞争
人际距离	人与人之间距离的大小取决于人们所在的社会集团（文化背景）和所处情况的不同而有所差别。熟人还是陌生人，人的身份不同（平级人员较近，上下级较远），身份越相似，距离越近。赫尔把人际距离分为四种：密友、普通朋友、社交、其他人
恐高症	登临高处，会引起人血压和心跳的变化，人们登临的高度越高，恐惧心理越重。在这种情况下，许多通常情况是合理的或足够安全的设施也会被人们认为不够安全
幽闭恐惧	幽闭恐惧在人们的日常生活中多少都会遇到，有的人重一些，有的人轻一些。例如，坐在只有双门的轿车后座上、乘电梯、坐在飞机狭窄的舱里，总会有一种危机感，会莫名其妙地认为如果发生意外会跑不出去，因为这些空间断绝了人们与外界的直接联系

附录二　国家标准

GB/T 10001.1—2012《公共信息图形符号 第1部分：通用符号》

GB/T 10001.2—2021《标志用公共信息图形符号 第2部分：旅游休闲符号》

GB/T 10001.3—2021《标志用公共信息图形符号 第3部分：客运货运符号》

GB/T 10001.4—2021《标志用公共信息图形符号 第4部分：运动健身符号》

GB/T 10001.5—2021《标志用公共信息图形符号 第5部分：购物符号》

GB/T 10001.6—2021《标志用公共信息图形符号 第6部分：医疗保健符号》

GB/T 10001.7—2021《标志用公共信息图形符号 第7部分：办公教学符号》

GB/T 10001.9—2021《标志用公共信息图形符号 第9部分：无障碍设施符号》

GB/T 10001.10—2014《公共信息图形符号 第10部分：通用符号要素》

GB/T 5845.2—2008《城市公共交通标志 第2部分：一般图形符号和安全标志》

GB/T 5845.4—2008《城市公共交通标志 第4部分：运营工具、站（码头）和线路图形符号》